零基础手绘完全自学教程

景观设计快速表现

曾哥手绘

Landscape Design

Hand-painted Performance

曾海鹰　编著

机械工业出版社
CHINA MACHINE PRESS

快速手绘表现是在设计草图阶段和正式出计算机效果图之前设计沟通的重要手段。本书共分3章，分别为基础篇、应用篇及图例篇，集中了作者在历年教学实践中所做的示例、学员的作品对比、教师的精细评图和对作品的修改与提升，期望通过海量的范例、直观的对比与分析、点评，让读者从零开始，迅速掌握手绘学习要点，在自学手绘的道路上少走弯路。

本书是景观设计、建筑设计、城市规划设计及室内设计等专业学生及相关从业人员的实用指导用书，同时对广大的手绘爱好者也具有很高的参考价值。

图书在版编目（CIP）数据

景观设计快速表现/曾海鹰编著. —北京：机械工业出版社，2016.2
零基础手绘完全自学教程
ISBN 978-7-111-52509-7

Ⅰ.①景…　Ⅱ.①曾…　Ⅲ.①景观设计—教材　Ⅳ.①TU986.2

中国版本图书馆CIP数据核字（2015）第315431号

机械工业出版社（北京市百万庄大街22号　邮政编码100037）
策划编辑：时　颂　责任编辑：时　颂
责任校对：刘志文　封面设计：张　静
责任印制：乔　宇
保定市中画美凯印刷有限公司印刷
2016年2月第1版第1次印刷
250mm×250mm・12.666印张・470千字
标准书号：ISBN 978-7-111-52509-7
定价：69.80元

凡购本书，如有缺页、倒页、脱页，由本社发行部调换

电话服务	网络服务
服务咨询热线：（010）88361066	机 工 官 网：www.cmpbook.com
读者购书热线：（010）68326294	机 工 官 博：weibo.com/cmp1952
（010）88379203	金 书 网：www.golden-book.com
封面无防伪标均为盗版	教育服务网：www.cmpedu.com

前　　言

本次手绘书的编撰相比以往，除了图例数量有所增加外，在分类上也做了更多细化。针对本书而言，除了“图例篇”外，还针对技法的应用练习专门设置了“应用篇”，针对手绘表现中画面处理的方法和技法的专项应用提供了大量的参考图例。希望本书能够为热爱设计、热爱手绘表现的朋友带来一些帮助和启示。同时也欢迎同行朋友及广大读者从各自经验出发，对于书中不足之处批评指正并提出修改意见。

曾海鹰

目　录

第一章　基础篇

1.1 工具

快速手绘表现选择什么样的工具一直是很多初学者关注的问题。其实，工具仅仅是工具，无须太过计较。所谓“尺有所短，寸有所长”，想学好手绘，把注意力放在笔法及对于工具性能的体验和了解上更有意义。

1. 手绘线稿常用工具：针管笔、普通钢笔、美工笔、中性笔、尼龙笔、铅笔、水笔等都是常用的工具，普通且常见，并没有什么“特殊武器”。

2. 各种着色工具：

（1）马克笔：有油性、水性和酒精这三大类型，仅从类型名称上就可以知道这三种笔的区别。实际购买时如何区分呢？很简单，可以拔开笔盖直接放到鼻子下闻即可区分三者的不同：油性笔的气味特别冲，酒精类相信大家一闻便知（下图除左面两支为油性笔外其余均是酒精类的），水性则无味。就实用性及性价比而言，酒精类的马克笔更适合初学者。

（2）彩色铅笔：分为普通及水性两种，笔者个人比较偏爱使用水性，感觉比普通彩铅在使用时更柔和、附着力更强些。

3. 各种辅助工具：工具尺、修正液、白色笔、勾线笔和铅笔等。

4. 各种纸张：复印纸（以A3、A4幅面为主）、硫酸纸、绘图纸、铜版纸、色卡纸、牛皮薄纸和拷贝纸等。

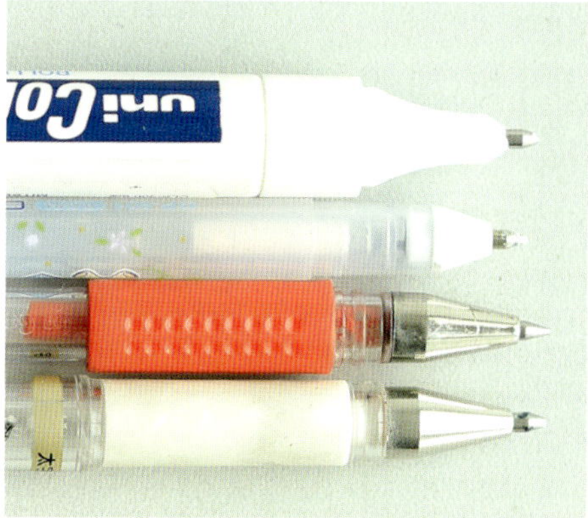

1.2　笔法及线条

千里之行始于足下。手绘学习的初始，笔法和线条的练习是必不可少的一个环节。所谓笔法，即运笔的方法。使用得当，一支笔可以做出几支笔的效果。

1. 笔法包括三大要素：速度、力度、角度。利用线和线的排列组合来表现形体的明暗、光影、虚实、空间感、立体感和层次感等，也可根据物体的不同质感而采用相应的线型以体现刚、柔、粗、细等的变化。

2. 线条的三种基本形态：

（1）运笔纠结、顿挫、反复的线条，在初学者的作品里经常会看到，实际作画时常用于形态、质感的表现。

（2）迅疾、飘忽、不收尾的线条，常用于表现虚拟形态，如光影轮廓、水景。

（3）起笔、运笔、收笔均有控制的线条，适用于结构表现，手绘学习到一定阶段时线条自然而然就呈现这种感觉。

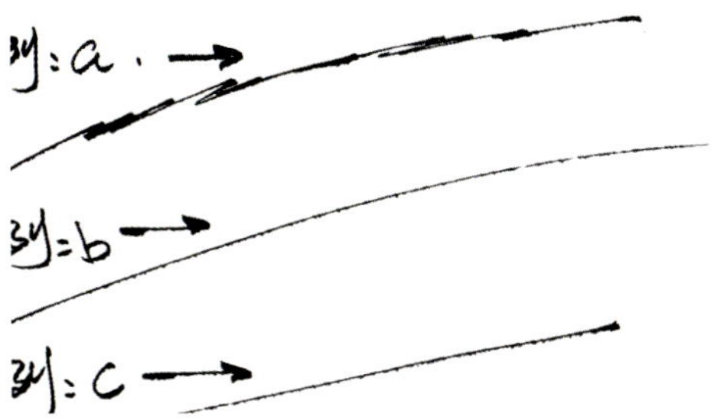

3. 除了笔法变化外，线条的交接组织形式也是影响画面效果的一个重要因素。图例中的三个方盒子就是以线条常见的三种不同组合形态绘制而成的，读者不妨自己感受一下。

（1）结构严谨，严丝密缝的高精组合，给人以严谨乃至呆板的印象。

（2）结构穿插、交错，类似于工地上的脚手架，是快速表现最为常见的形式。

（3）结构松散，互不交接，整体感觉松散。

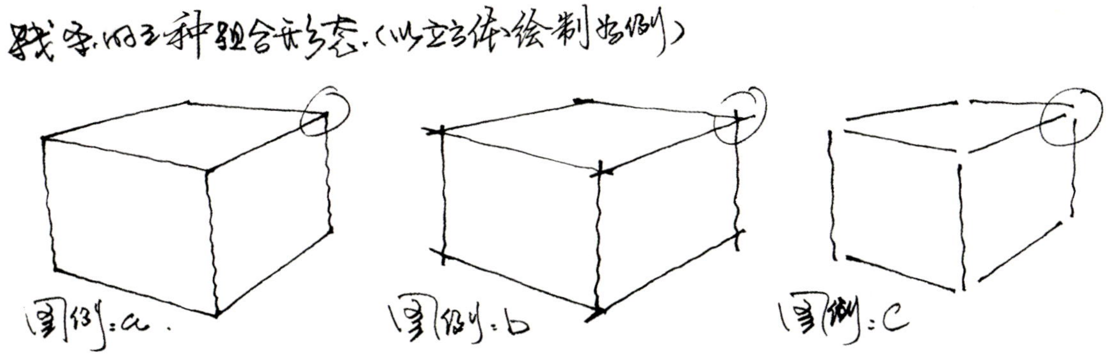

4. 笔法应用的几种变化以及不同工具的应用实例。

（1）中性笔、针管笔的笔法应用如下图左所示。

（2）马克笔：宽笔端在纸面上几种不同角度及速度变化应用图例，如下图右所示。

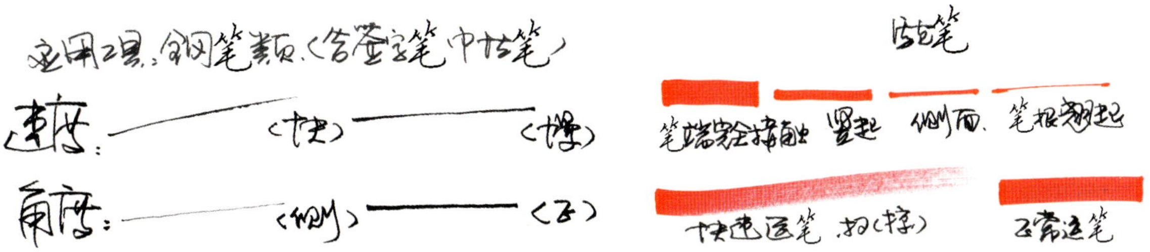

（3）彩铅：笔触粗放与细腻柔和兼备。彩铅的色彩可柔和交融过渡，这也是彩铅经常在手绘表现中和马克笔放在一起混合使用的重要原因。

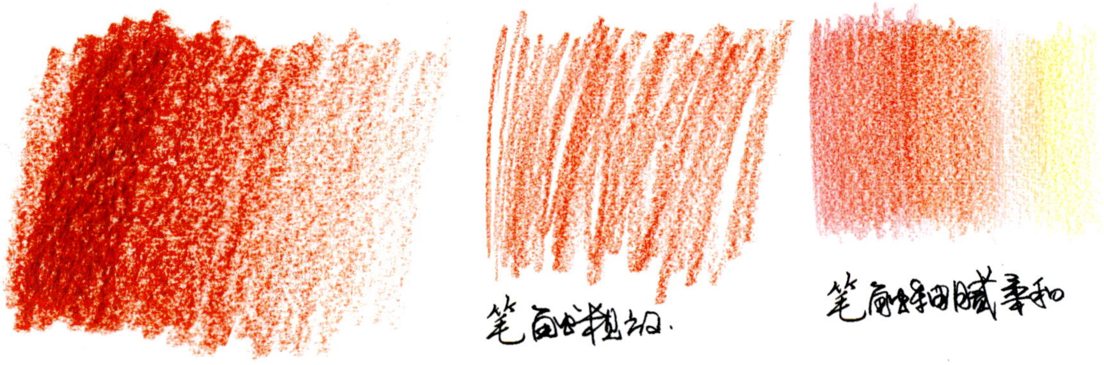

除了笔触的疏密间距排列，彩铅还可以通过控制力度的轻重做到色阶明度的柔和过渡。

除此之外，笔触的方向排列变化也是彩铅运用在表现图中的一个重要因素，对于初学者来说有一个非常有效的方法就是可以在用彩铅绘制表现图时更具有控制力——统一笔触方向。

5. 线条练习。

快速表现的一大特点就是以线条作为画面构成的基本元素。无论什么题材，用简练的线条表现对象的形体结构，辅以简单的色彩铺陈，在有限的时间段内，充分完整地完成对于形象思维的表达。快速表现的初步就是从线条练习开始，笔法和线条的应用练习是提升手绘表现基础训练的一个重要环节。本部分中所选范例都是笔者根据照片绘制的，综合了结构（建筑、构筑物）和形态（植物、建筑肌理）变化两大类型的线条，就运笔状态而言，亦可粗分为理性（控制）和感性（自由）两种。相较于传统教科书中单纯的线条练习范例，笔者希望通过线条在实际中的运用，在丰富视觉观感的同时进一步加深初学者对于基本功训练重要性的认识。

书中所有范例步骤的展开过程均遵循由简到繁、循序渐进的规律，希望练习时加以注意。

◎ **范例一：通过线条排列，自然形成边界形状。**

◆ **练习1**

步骤一

步骤二

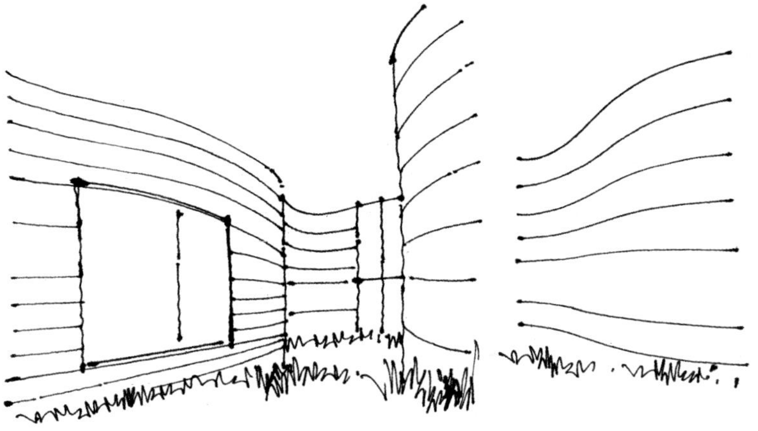

步骤三

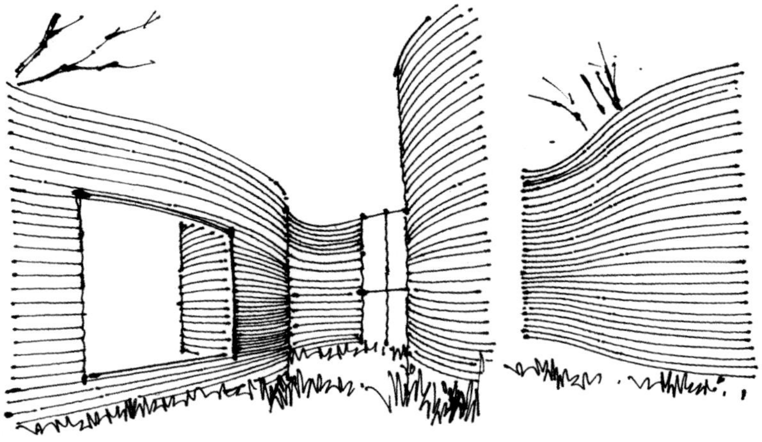

步骤四

◆ 练习2

步骤一

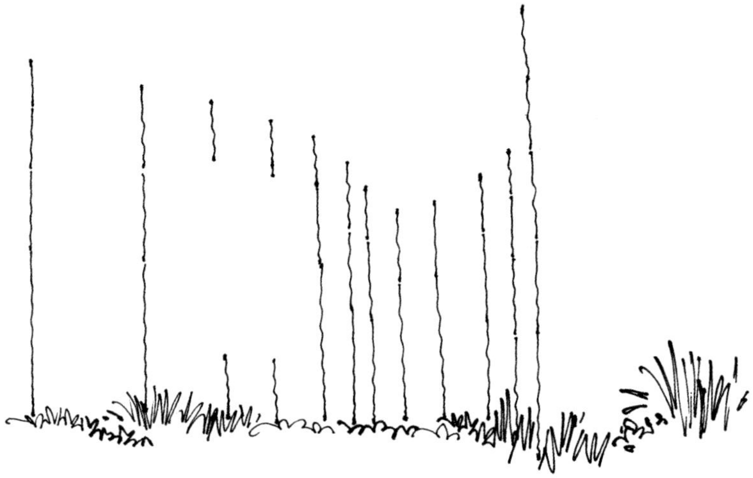

步骤二

步骤三

步骤四

◎ 范例二：线条练习之建筑系列组图。

步骤一

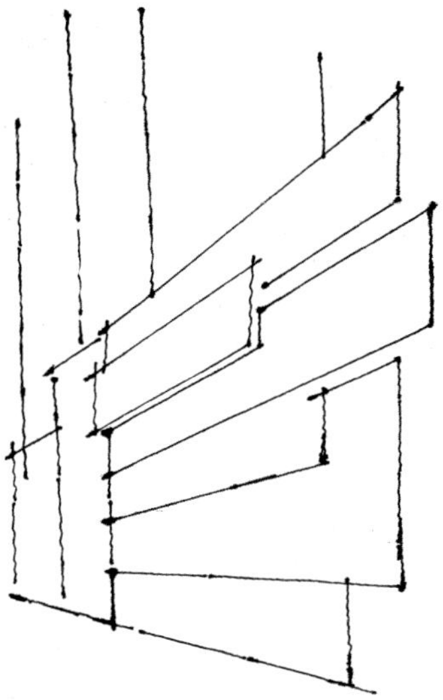

步骤二

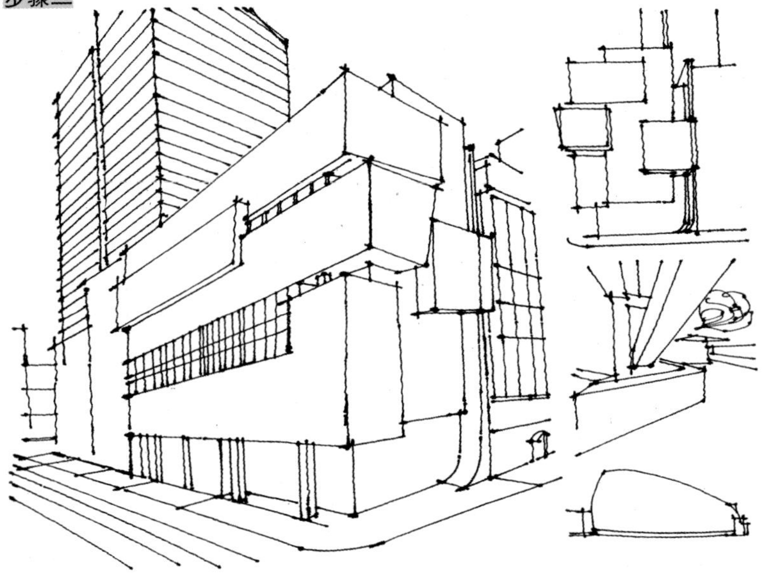

步骤三

◎ 范例三：临摹敦煌壁画手姿，目的在于练习弧线。

题目要求：参照步骤二图例，完成步骤一图例。

练习要点：弧线的绘制重点在于气韵的通达顺畅，用笔时可适当借助手腕的摆幅，长条的弧线不必强求一气呵成，可以分段完成。形体结构的起承转合需谨慎处理。

◆ **敦煌壁画手姿系列1**

步骤一

步骤二

◆ 敦煌壁画手姿系列2

步骤一

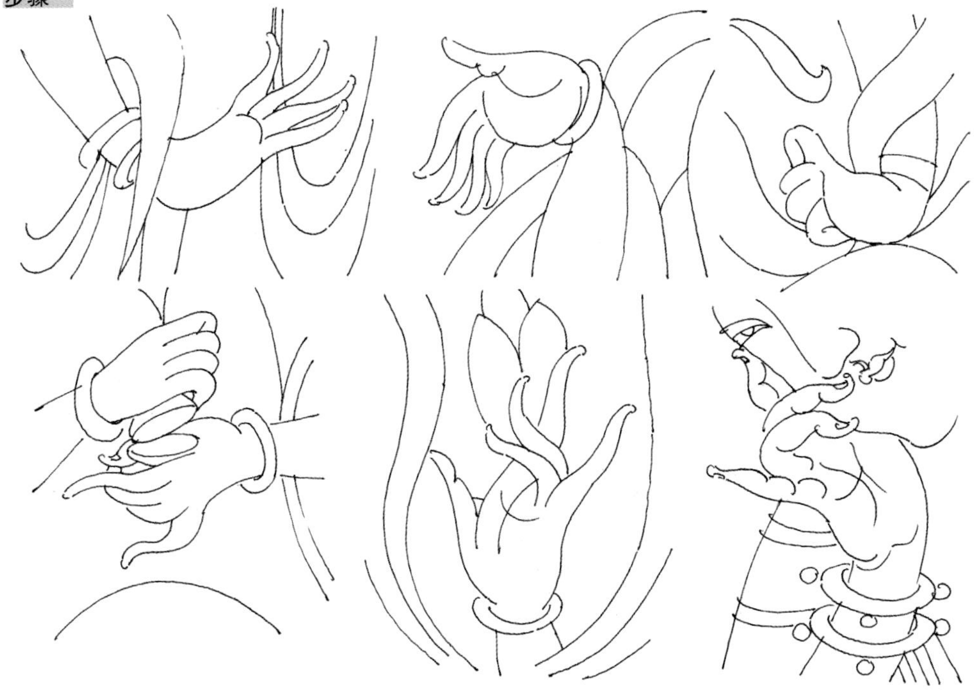

步骤二

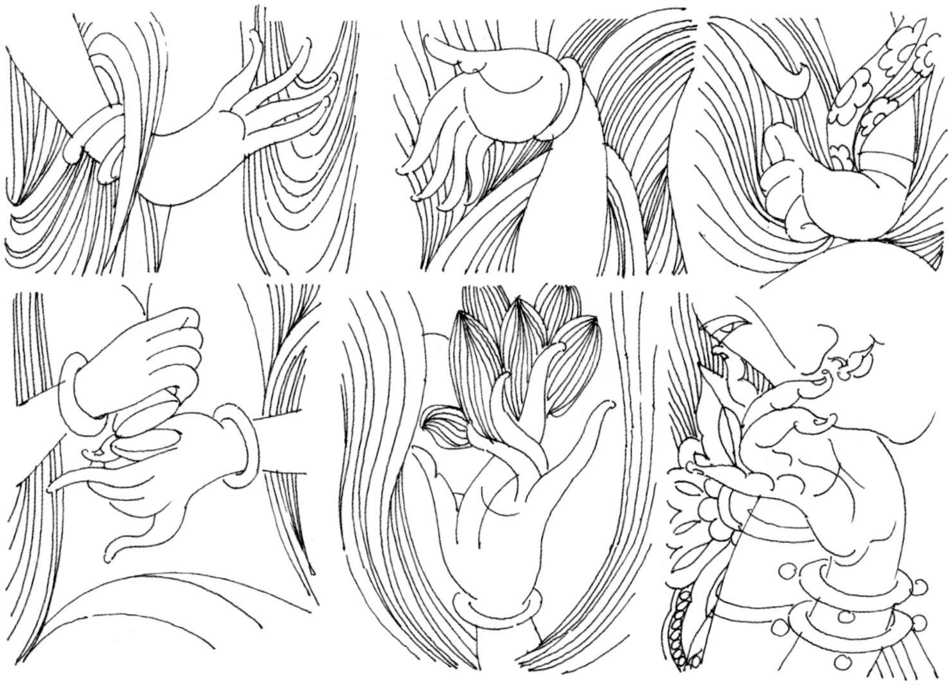

◆ 敦煌壁画手姿系列3

步骤一

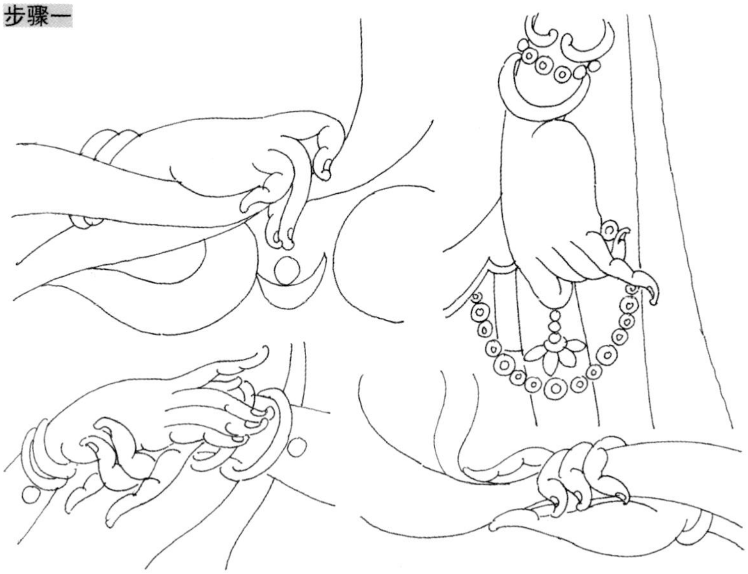

步骤二

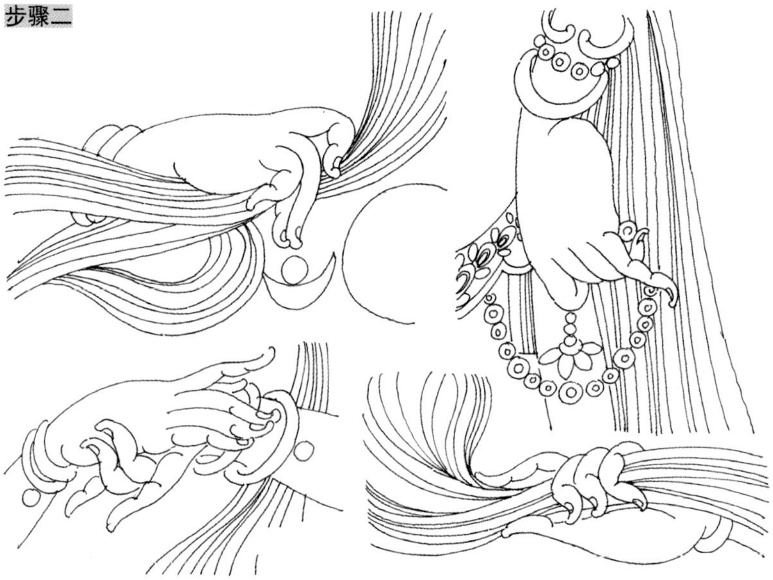

◆ 敦煌壁画手姿系列4

步骤一

步骤二

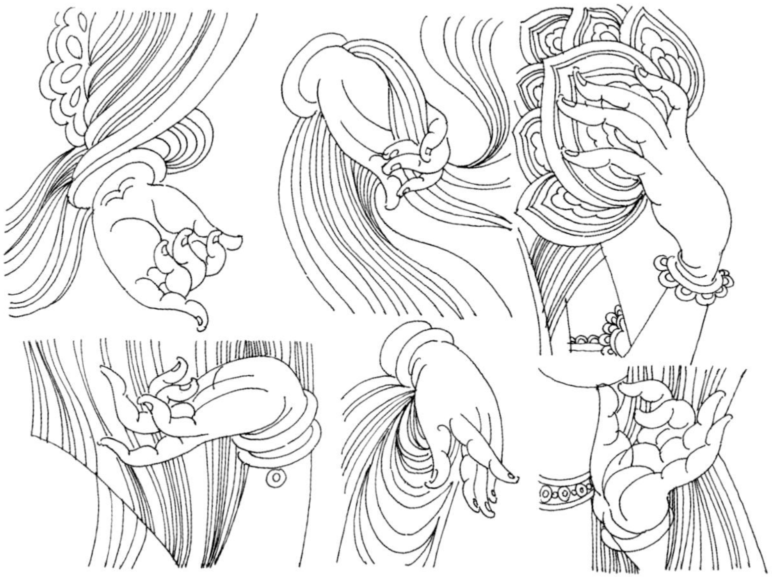

◆ 敦煌壁画手姿系列5

步骤一

步骤二

步骤三

◎ 范例四：用直线绘制的景观场景构筑物。

◆ 练习1

步骤一

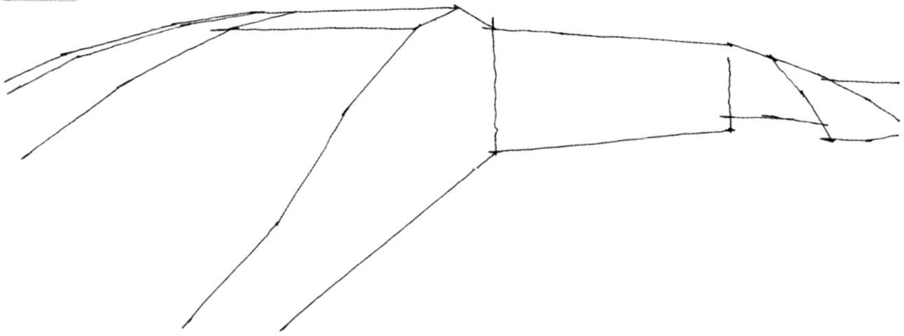

步骤二

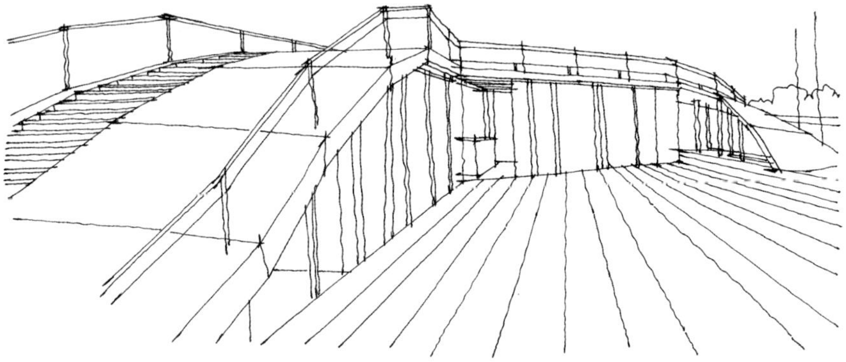

步骤三

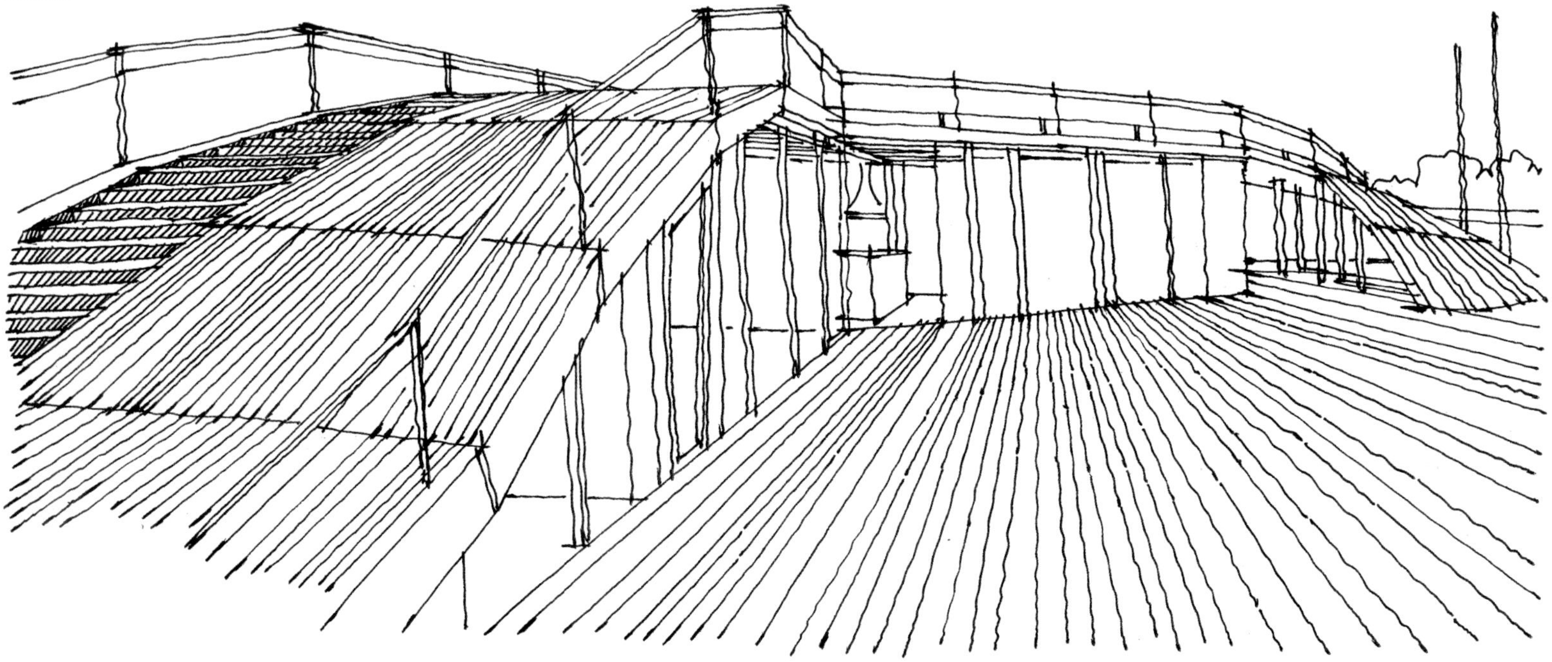

◆ 练习2

步骤一

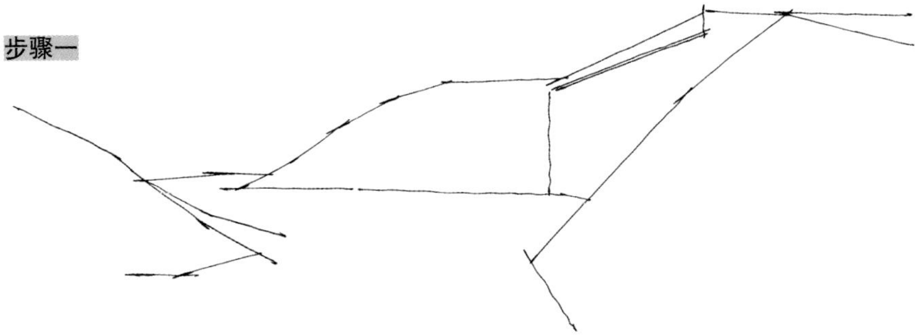

步骤二

步骤三

◎ 范例五：照片临绘人物。重点关注毛发、皮草及腿部的线条处理。

步骤一

步骤二

步骤三

步骤四

◎ 范例六：参照网络照片画的速写。运笔活泼随性，重点强调手绘技法训练中感性的一面。

1.3　徒手透视

徒手透视的应用关键在于明确透视学习的目的——在二维平面上表现三维立体的感觉。它与平时上课所学的画法几何差别在于摒弃了后者冗长繁复的计算推理演化过程，汲取了透视现象中的三个基本要点：渐变（大小、虚实、明暗、曲直、粗细），层叠，视平线与顶底面之间随距离远近产生的视觉变化关系。徒手透视在实际应用中更注重主观感受的表达。下面的图例是笔者根据自己的经验绘制的一些增强透视感觉的练习，希望能够对大家的学习有所帮助。

◎ 练习题目一：长方体分层示例、圆柱体分层示例、长方形梯变步骤示例、徒手画圆兼梯变步骤示例、九宫格正一点透视图例、各种异形梯变步骤示例。

题目要求：参照步骤二图例在步骤一中做分层绘制。

关注要点：（1）各层面与视平线关系的明确表达。

（2）各种基本形大小渐变及凹凸关系表达。

步骤一

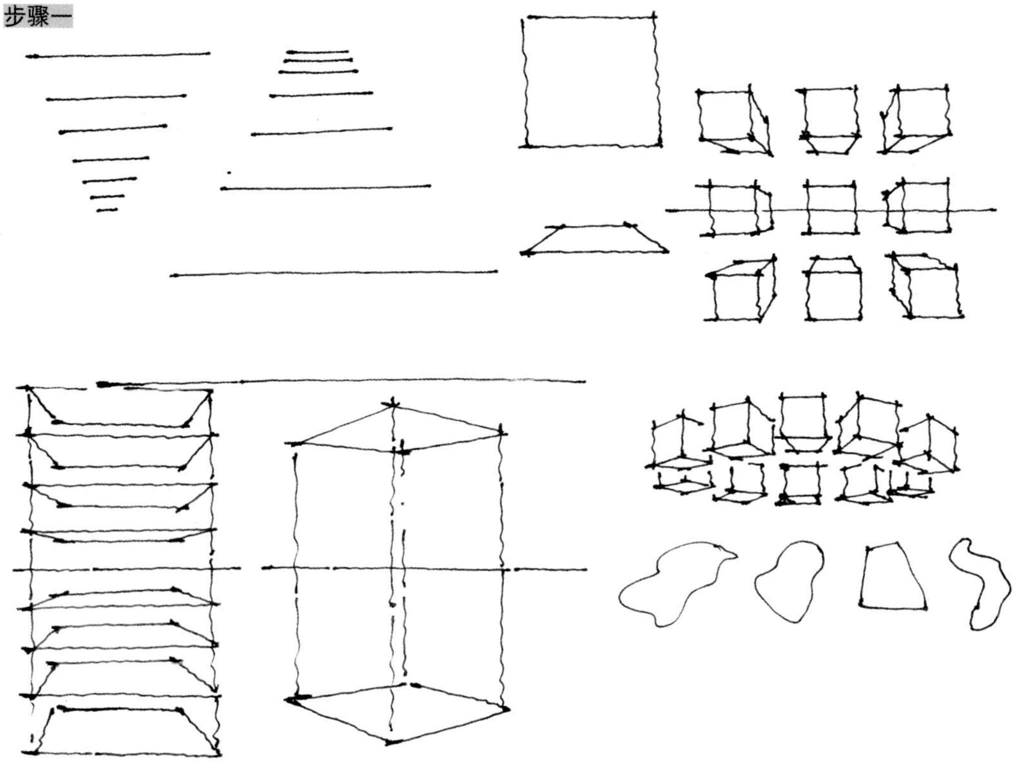

步骤二

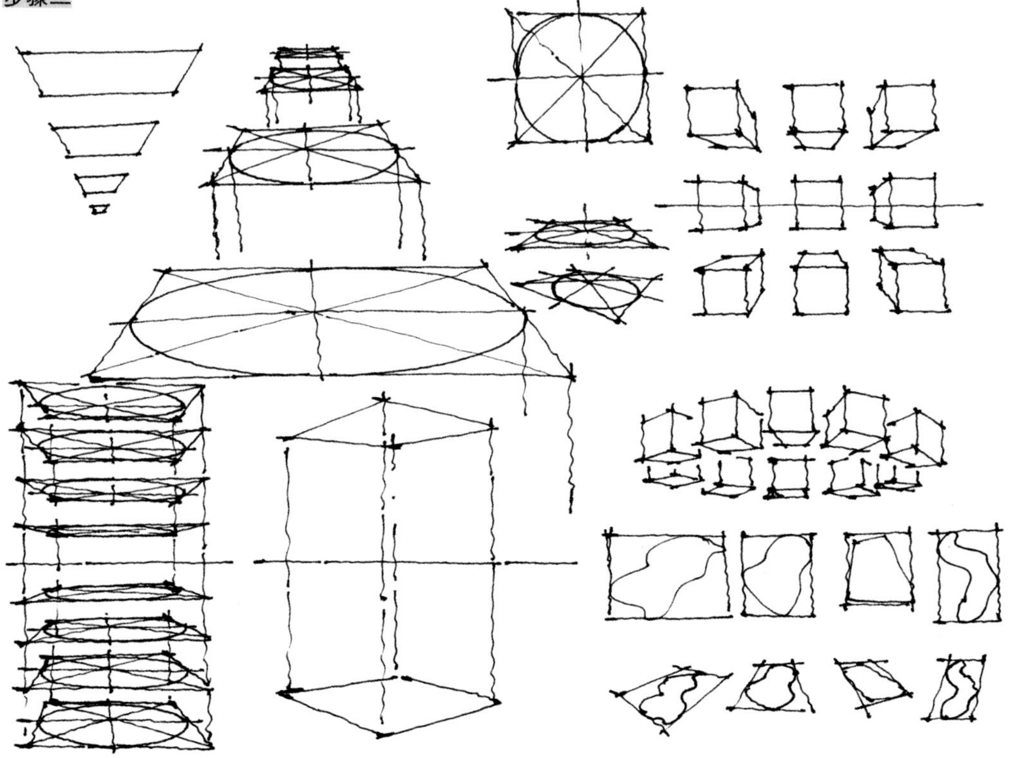

步骤一

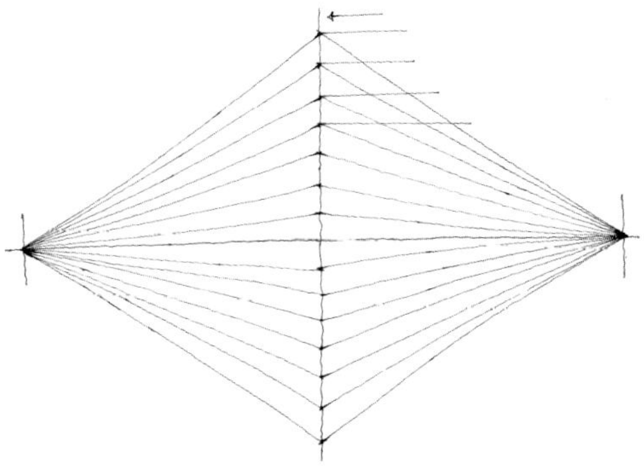

步骤二

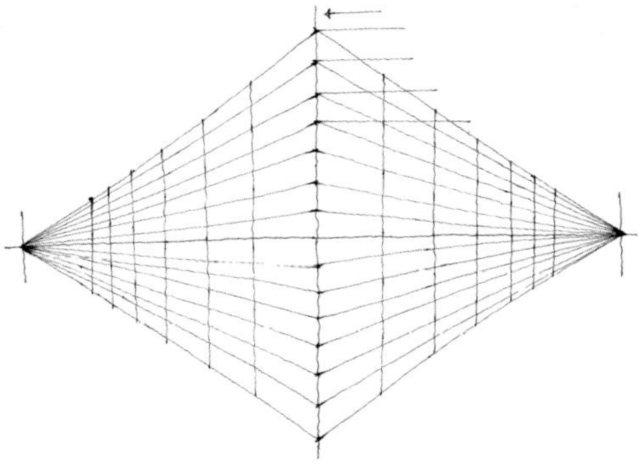

步骤三

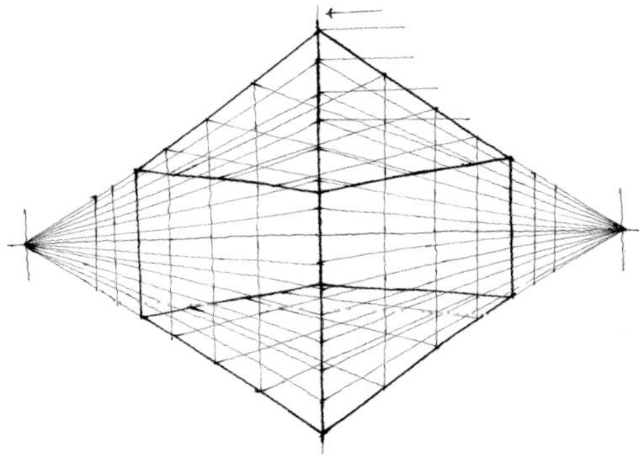

步骤四

◎ 练习题目二：透视空间。设定视平线（水平线），从任意位置画等高线自由均分（间距自定），连接定点。注意看由此带来的图面变化。聚焦放射的线、形均能产生空间进深感。可尝试做这个作业：任意设计或创作某一个造型元素，以放射、聚焦的形态组合一个画面或场景。

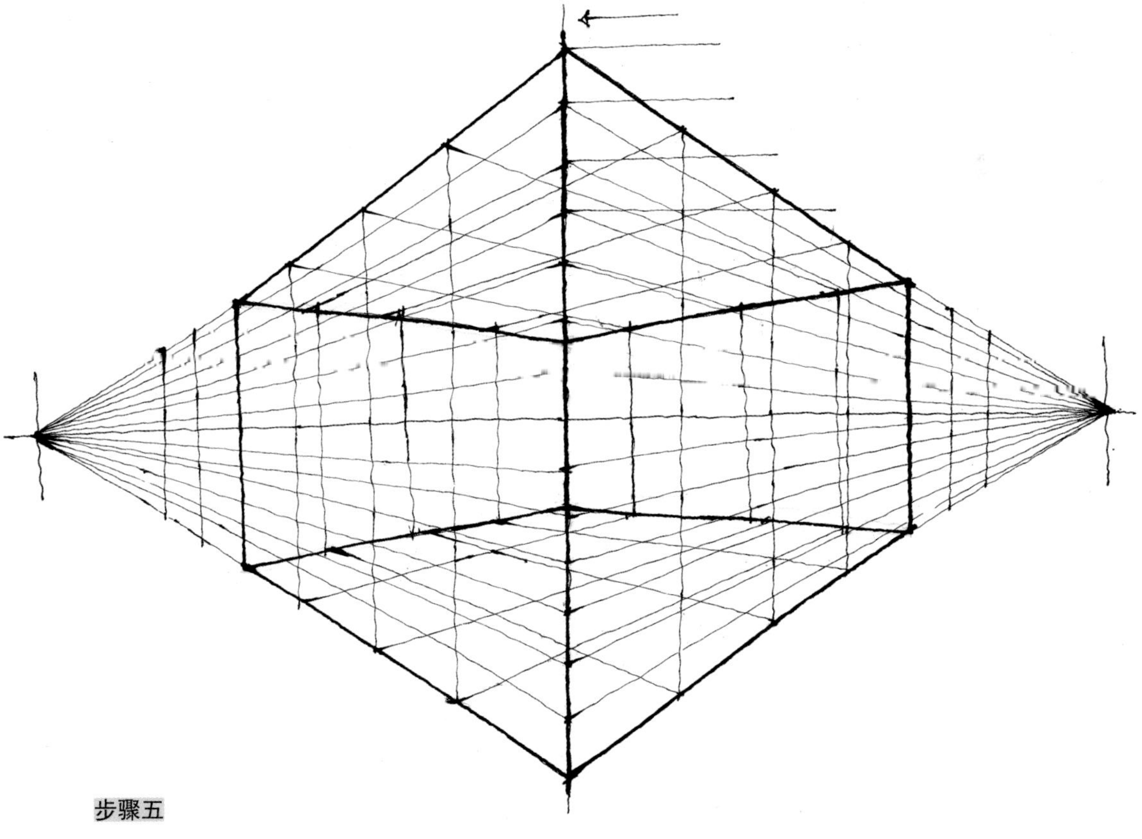

步骤五

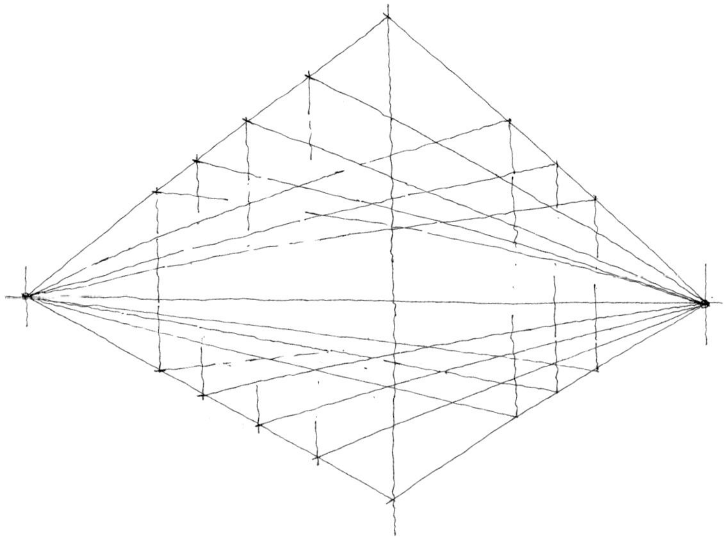

步骤一

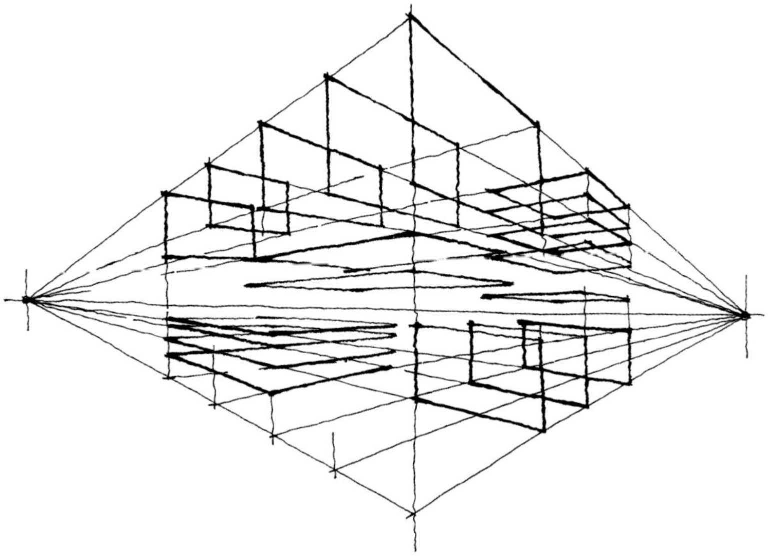

步骤二

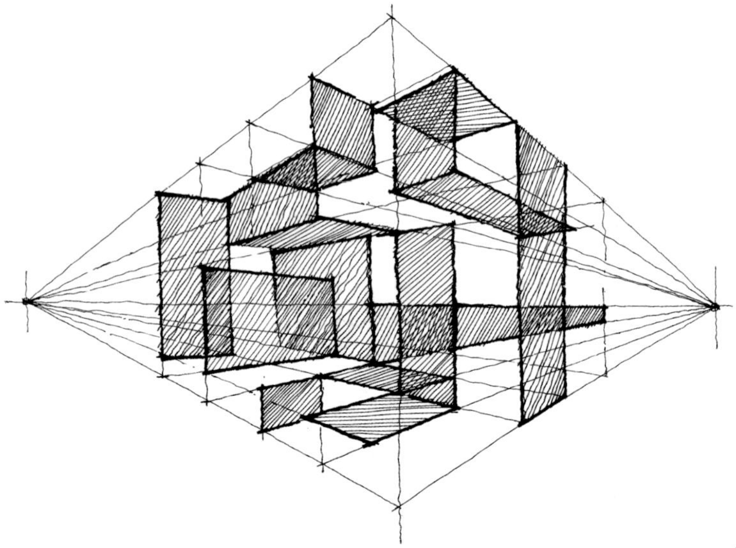

★发散练习

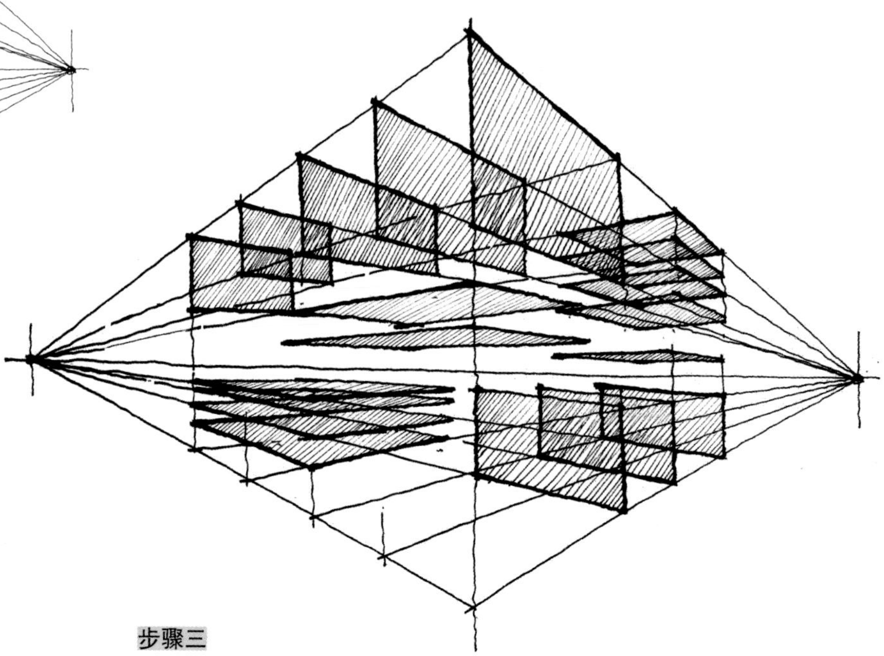

步骤三

◎ 练习题目三：处理好视平线与顶底面的关系，是徒手透视学习与应用中最关键的一条，本章中的每个练习都在反复强调这点。

◎ 练习题目四：凹凸变化。不要被纷繁复杂的表象所困扰，它其实只是一堆大小不等的立方体汇聚在一起罢了。把画面分解就可以理解，所谓的凹凸变化不过是由一些基本图形的大小渐变所造成的视觉感受而已。

◆ 练习1

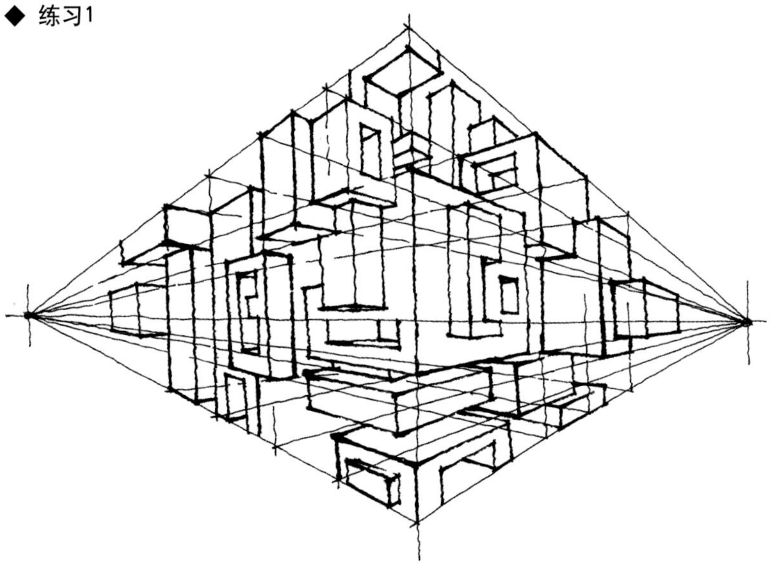

步骤一

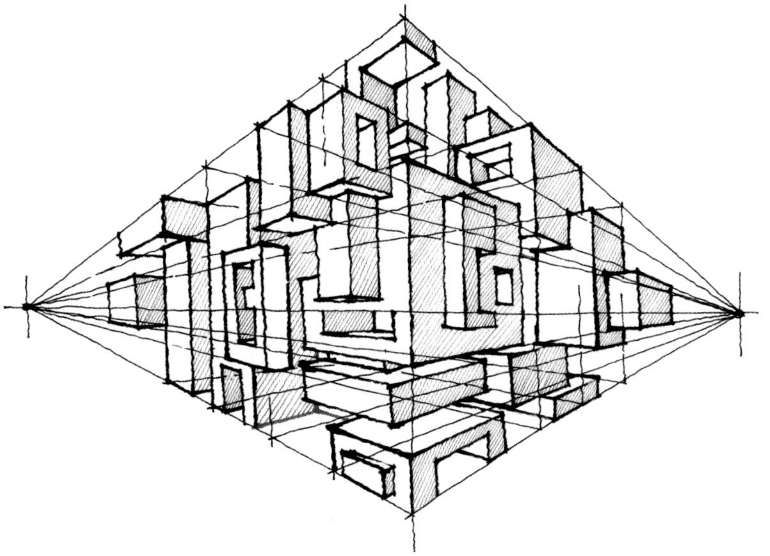

步骤二

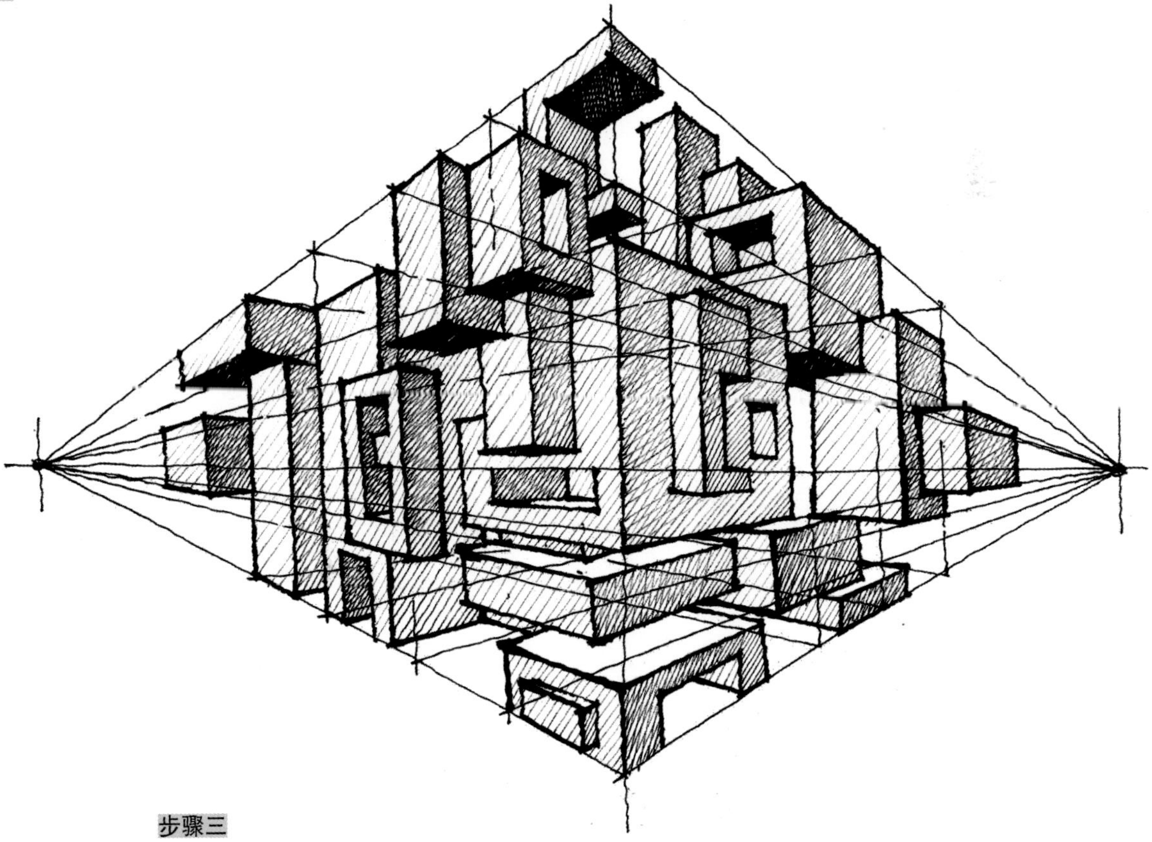

步骤三

◆ 练习2

步骤一

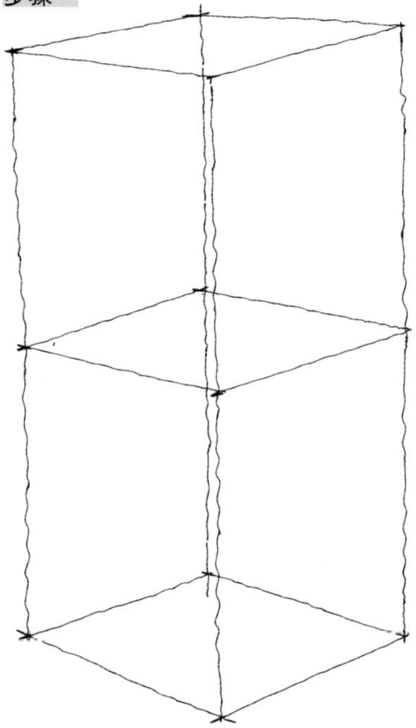

步骤二

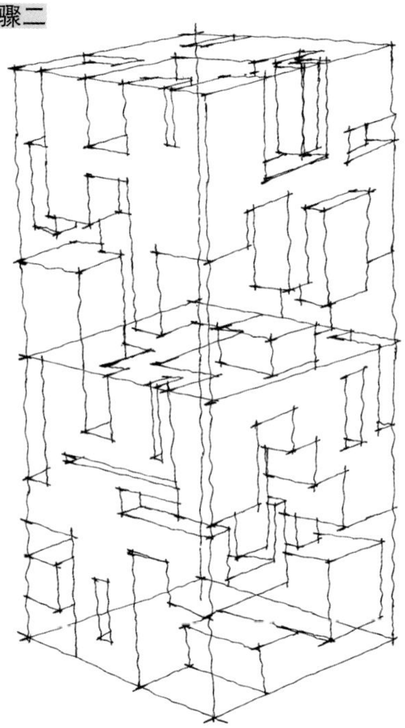

步骤三

步骤四

步骤五

◆ 练习3

步骤一

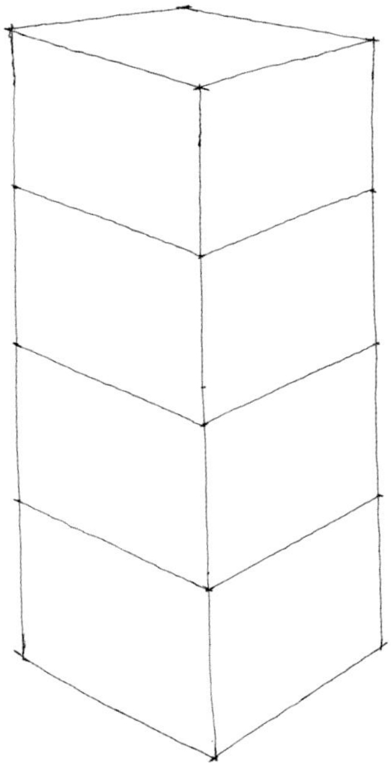

步骤二

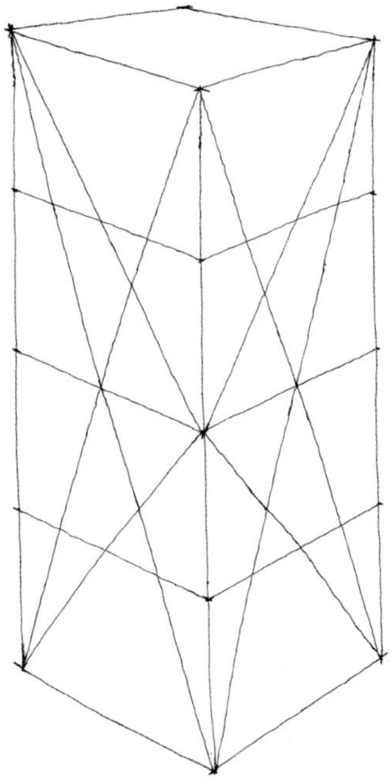

步骤三

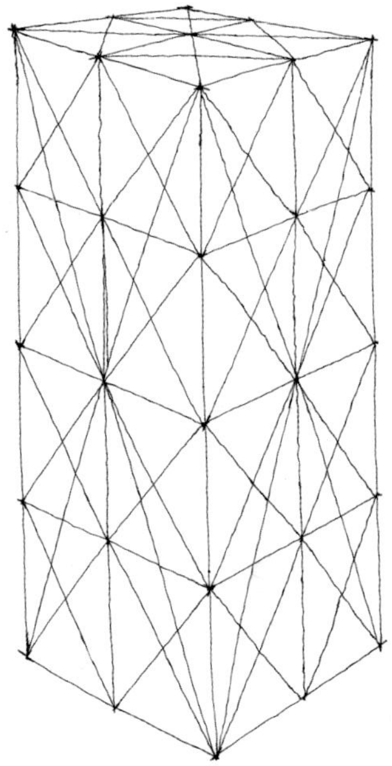

步骤四

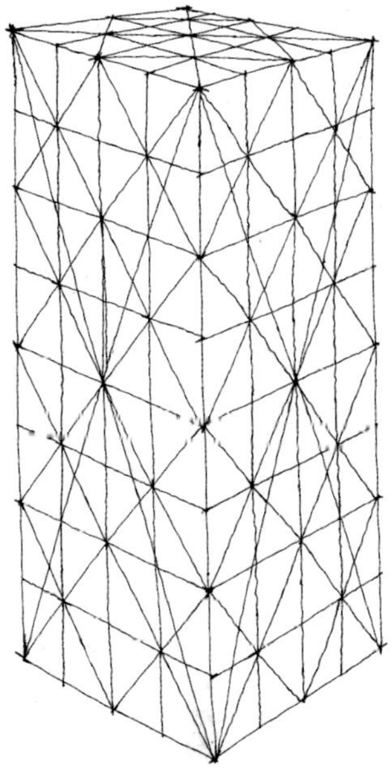

步骤五

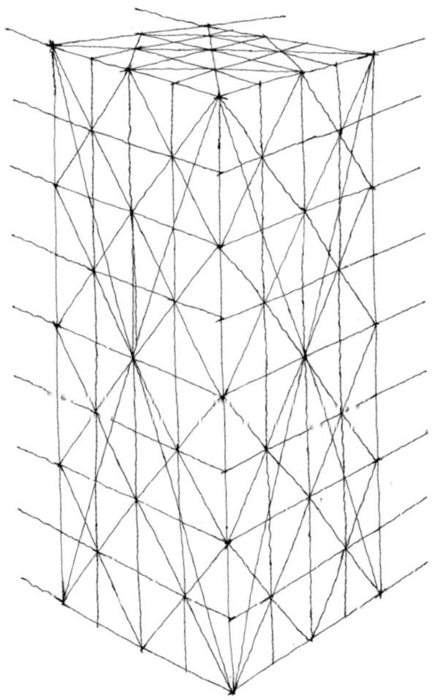

步骤六

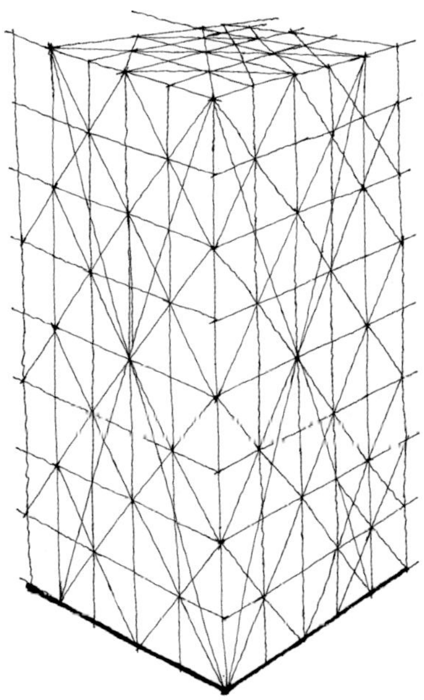

步骤七

步骤八

步骤一

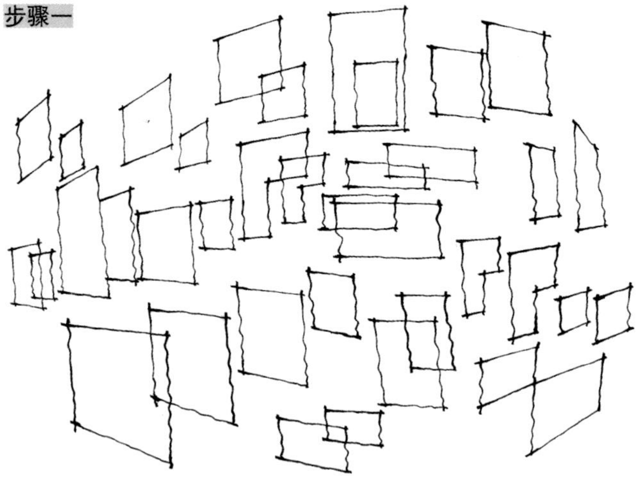

步骤二

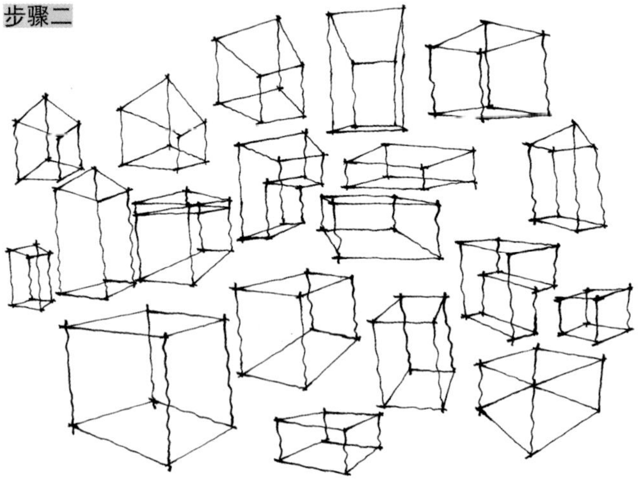

步骤三

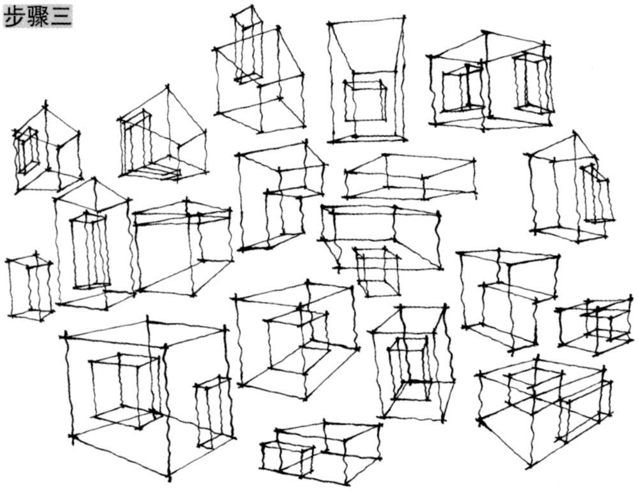

步骤四

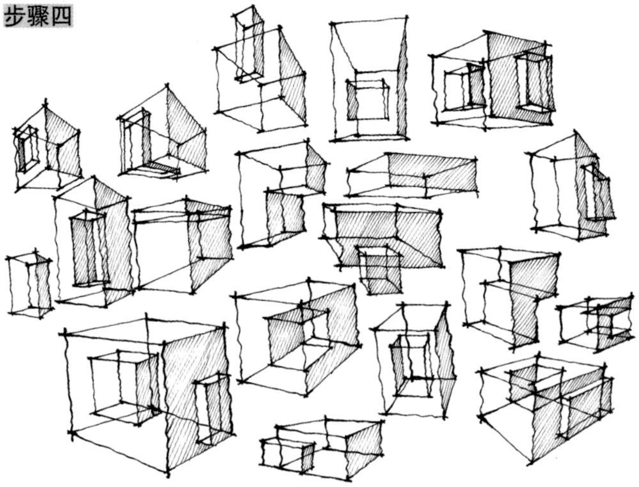

步骤五

◎ 练习题目五：组合体块的练习。相同图形大小渐变相连接形成了三维立体感，任意体面随视平线（视点）高低可产生的变化。

◎ 练习题目六：透视综合自测。

◆ **练习1**

步骤一

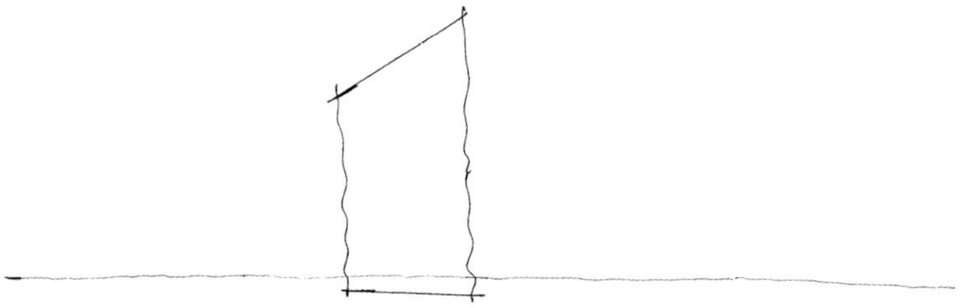

步骤二

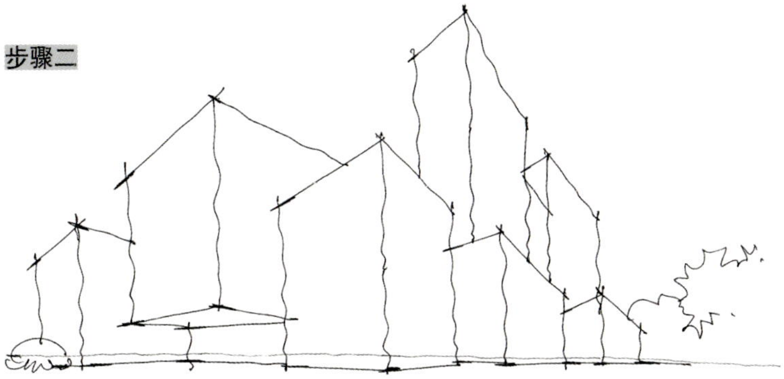

步骤三

步骤四

步骤五

◆ 练习2

步骤一

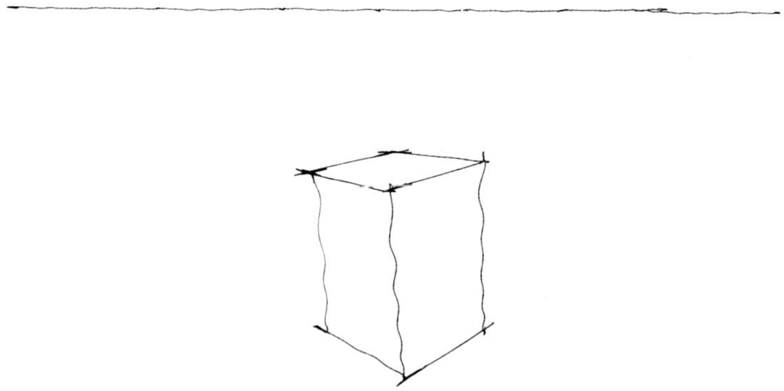

步骤二

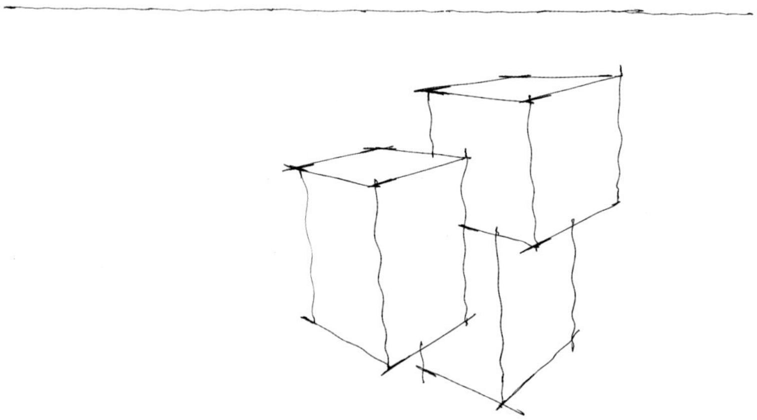

步骤三

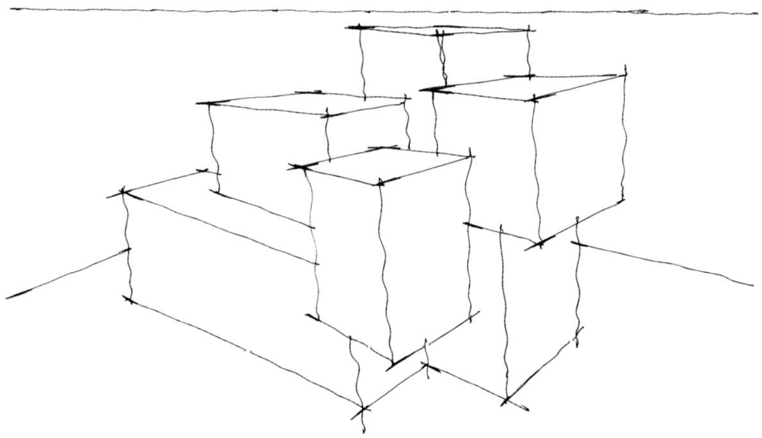

步骤四

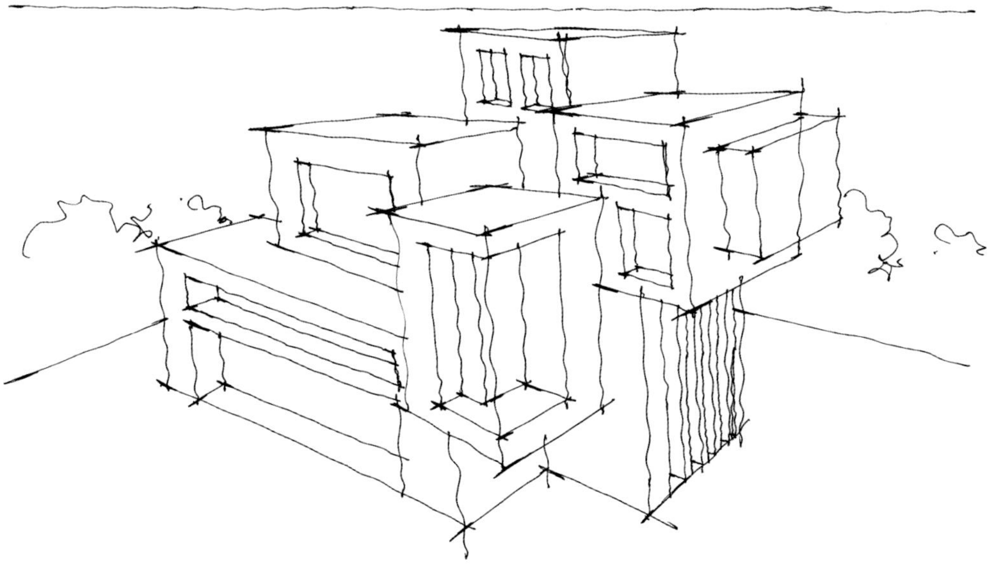

步骤五

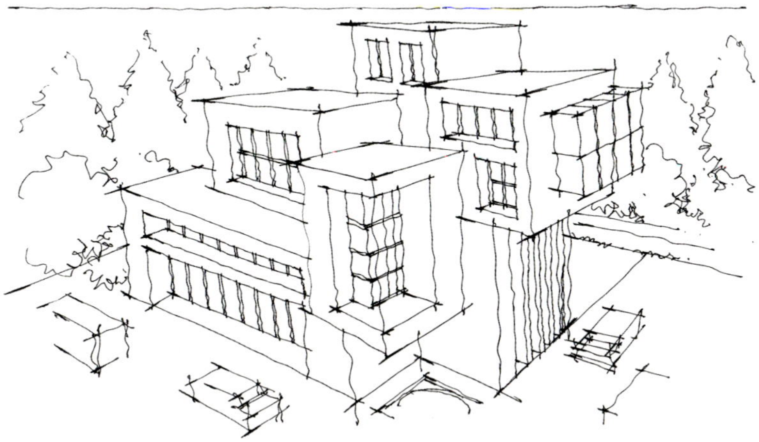

步骤六

步骤七

小测验

检验徒手透视学习成果的一个小练习，步骤如下：任选一张纸（A3、A4均可）横向放置，在纸上（垂直距离）约1/4或1/5处，画出视平线（为便于辨识及最后的检验，视平线可用有色笔画出）。在中心位置任意画一图形，图形底边贴近视平线，由此图形向外发散画一整组图形，数量多寡不限，可在图形里做多种变化，例如切割分层、穿凿堆叠、层叠、遮挡，完成后再自行检验（以视平线为参照）。

◎ 练习题目七：规划鸟瞰透视图的画法——简单投影法：

（1）确立视角大小和视点高度。

（2）分别定出高、中、低三类基本层高，然后建模、拉伸。

（3）确立视觉（设计）中心，进行下一步渲染、规划。

（4）塑造周边。

步骤一

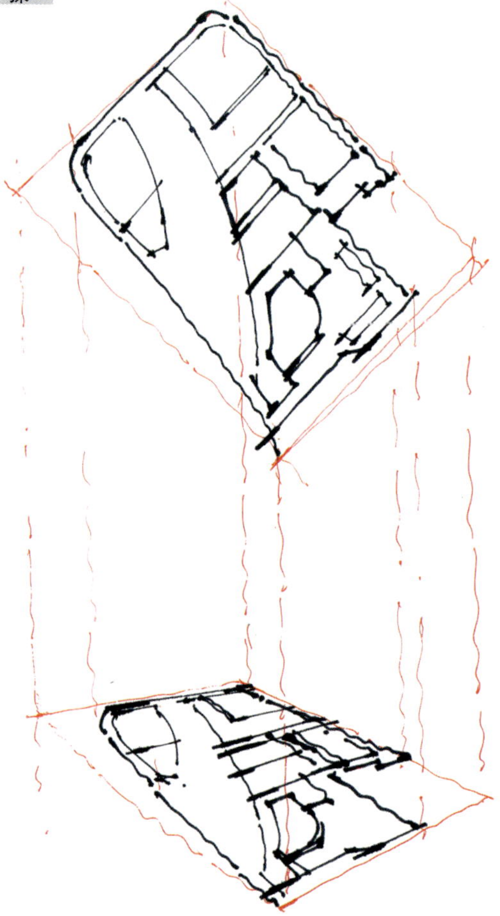

步骤二

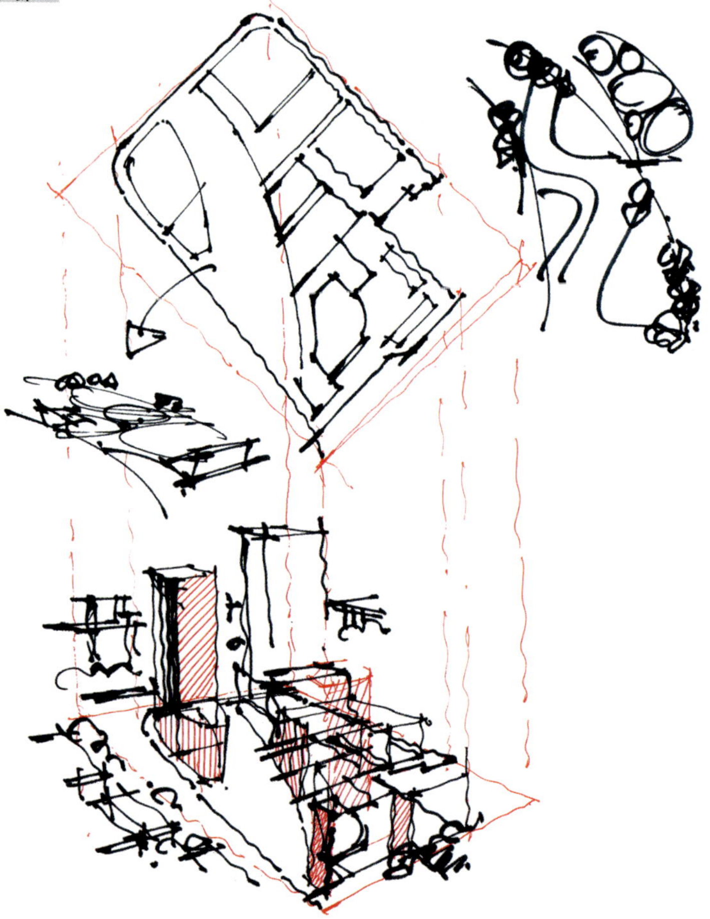

1.4　素材图例

1. 植物练习图例。

（1）灌木、乔木的画法。

步骤一：用轻快的笔法勾勒出基本形。

运行轨迹　　基本线型

步骤二：沿基本形勾勒基本线型。

运行轨迹　　基本线型

（2）棕榈类树木的画法。

步骤一：用轻快的笔法勾勒出骨架线。

步骤二：沿骨架线勾勒基本线型。

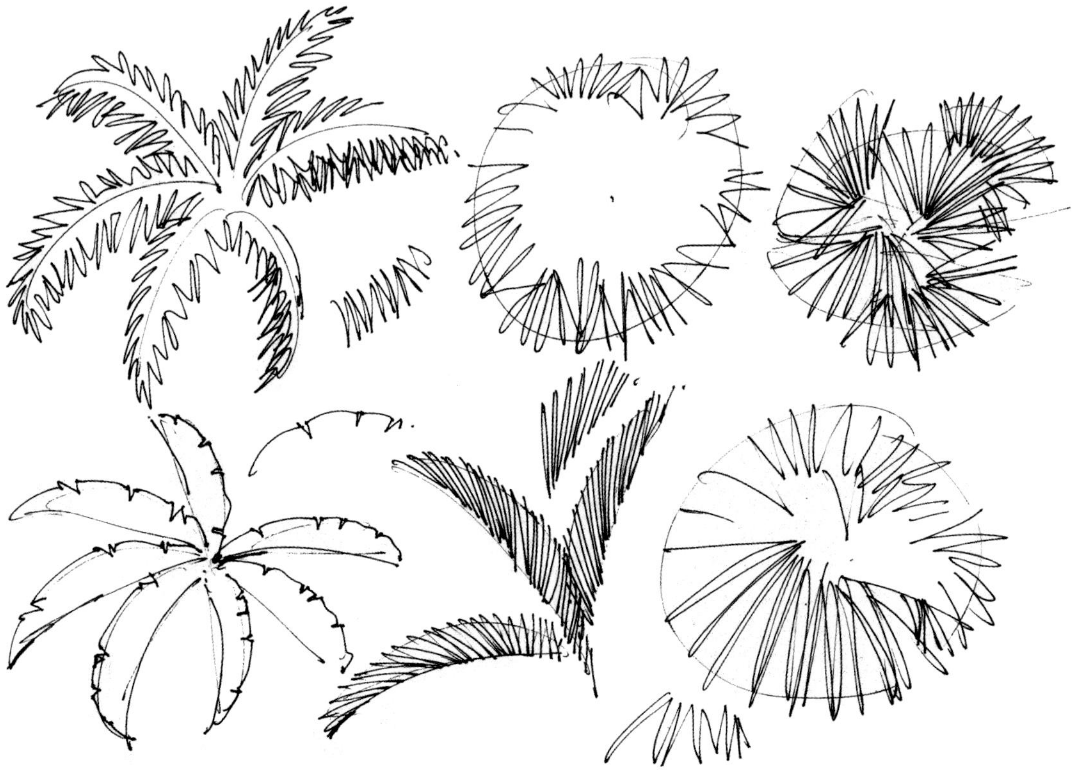

（3）植物练习图例参考。

2. 肌理练习图例。

（1）肌理填充练习。

关注要点：界面转折交界处的处理。

◆ 练习1

步骤一

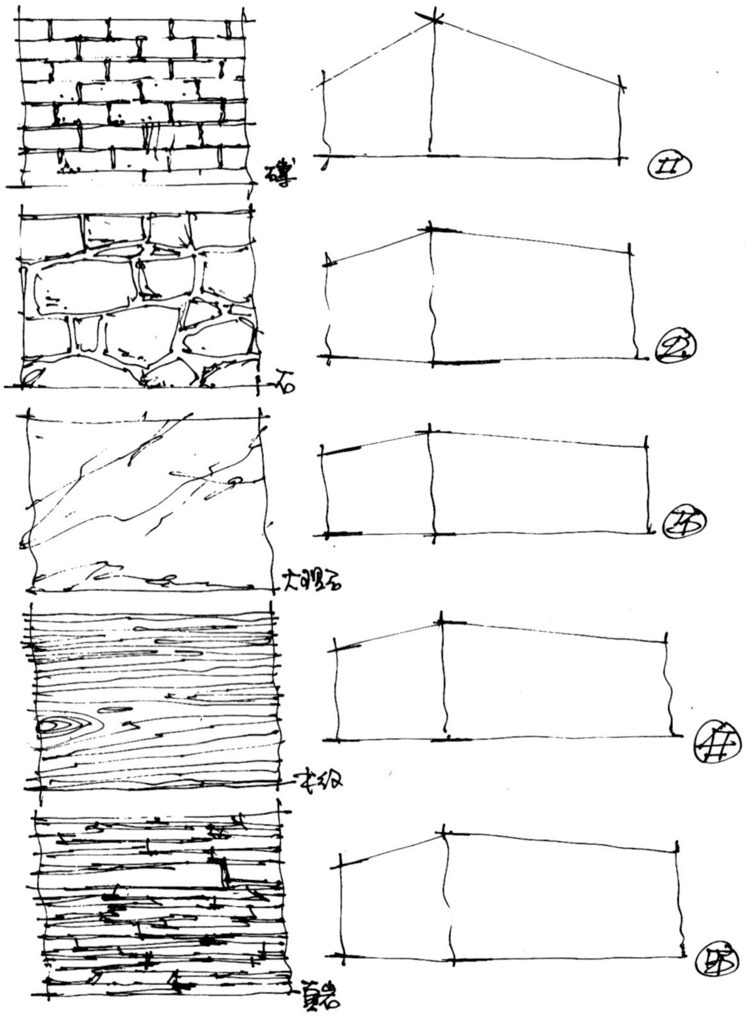

步骤二

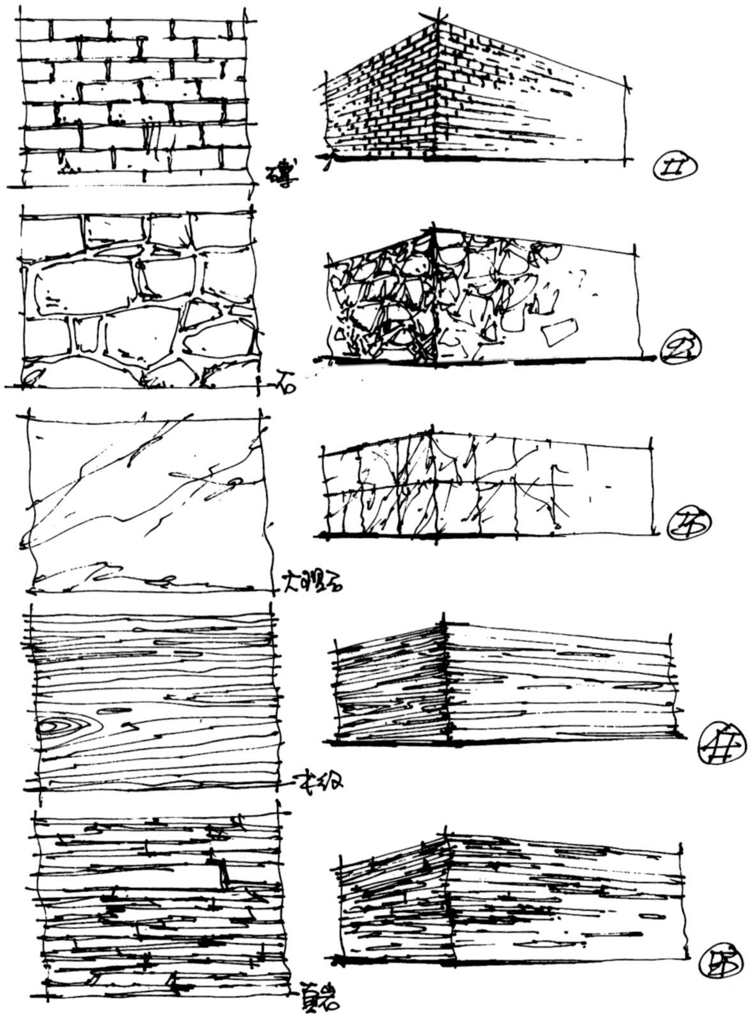

步骤三

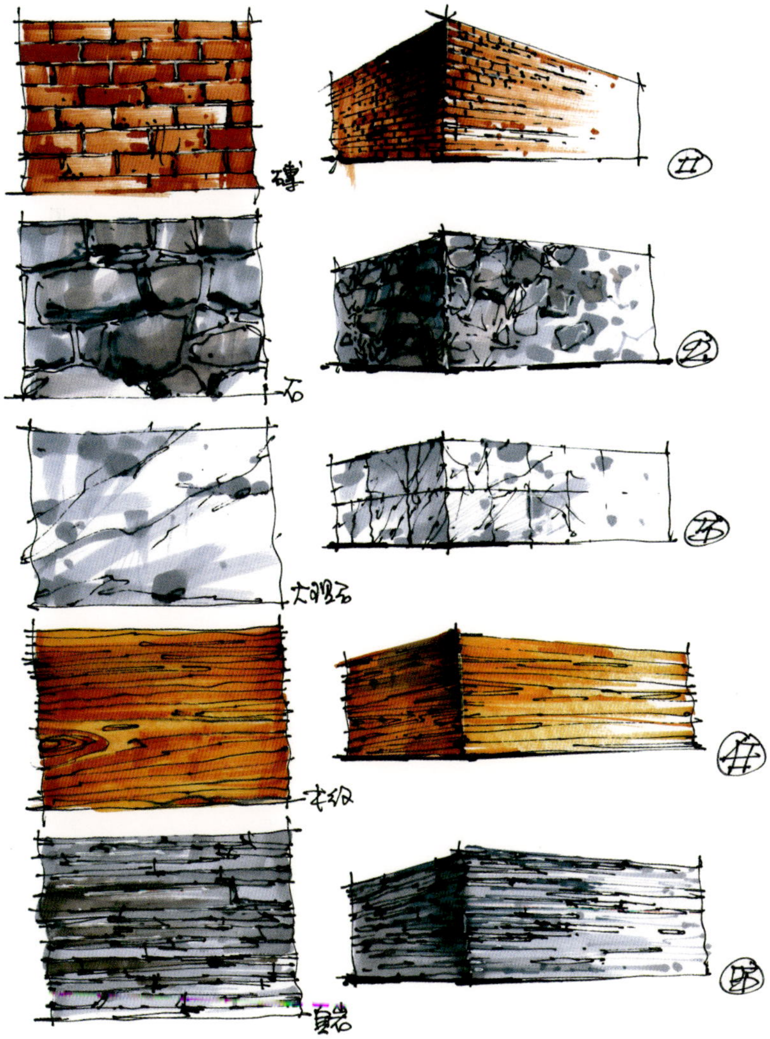

◆ 练习2

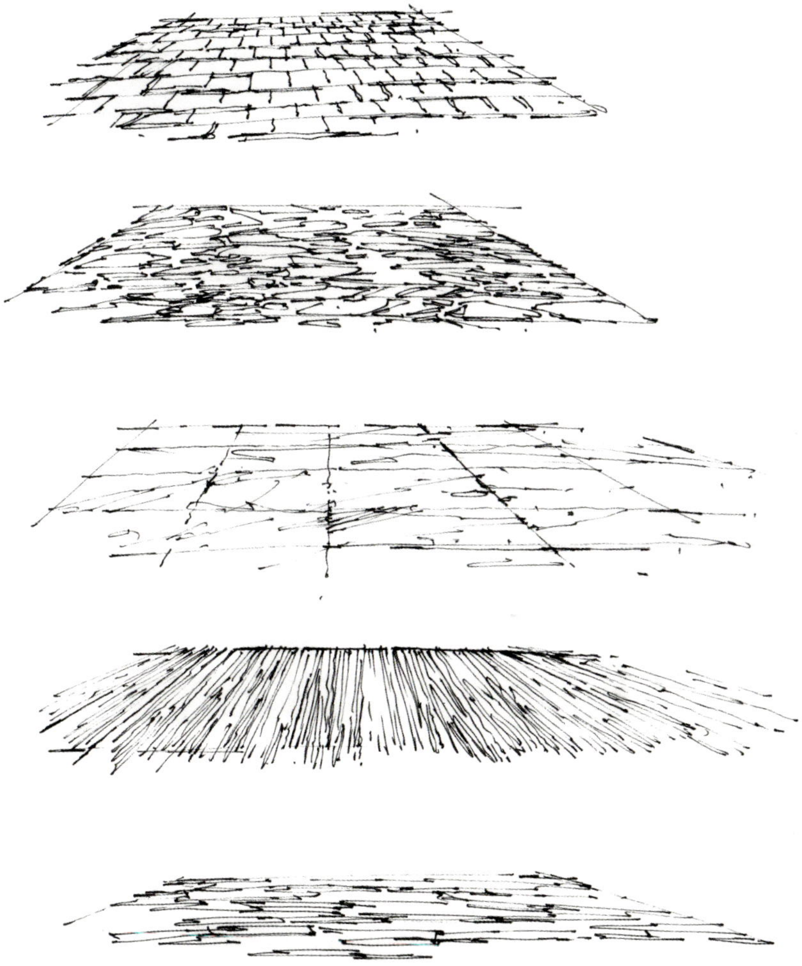

◆ 练习3

步骤一

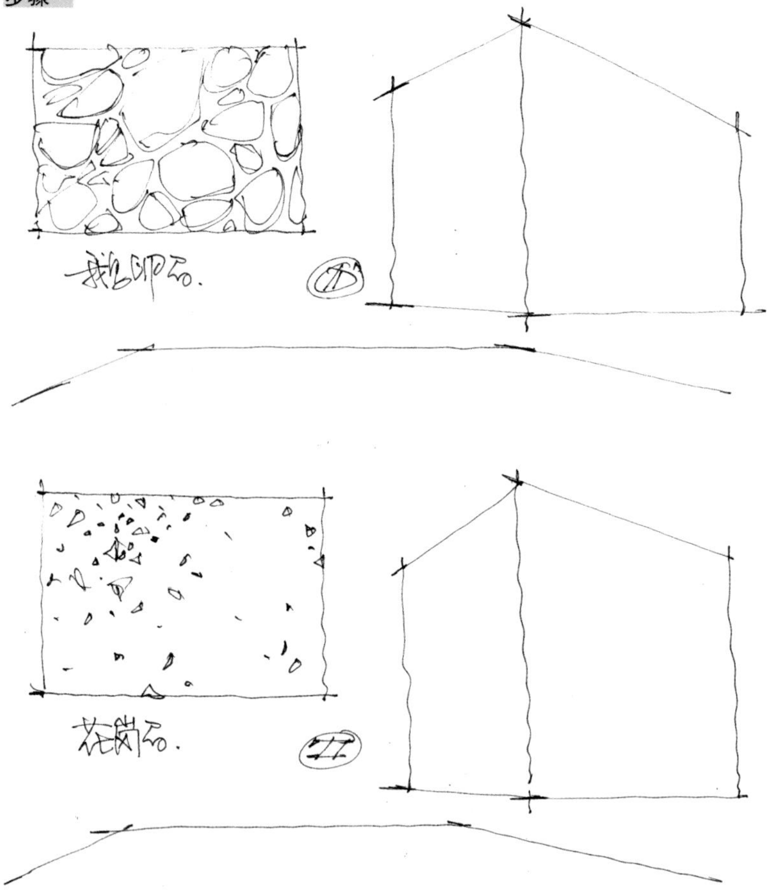

步骤二

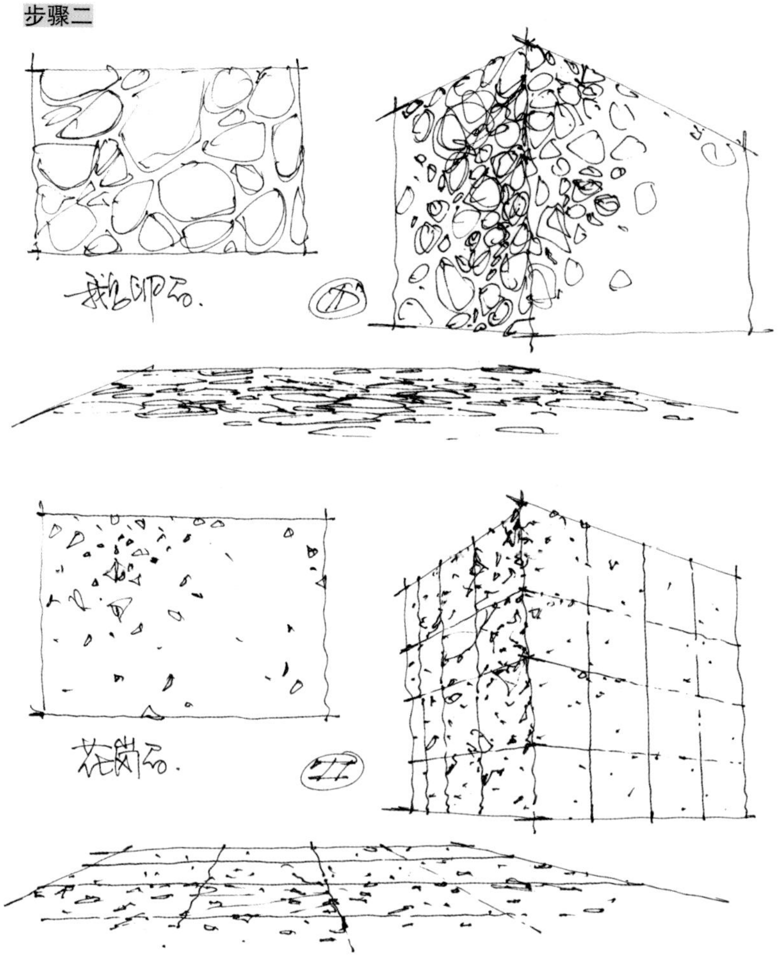

（2）肌理素材。

◆ 图例1

木纹

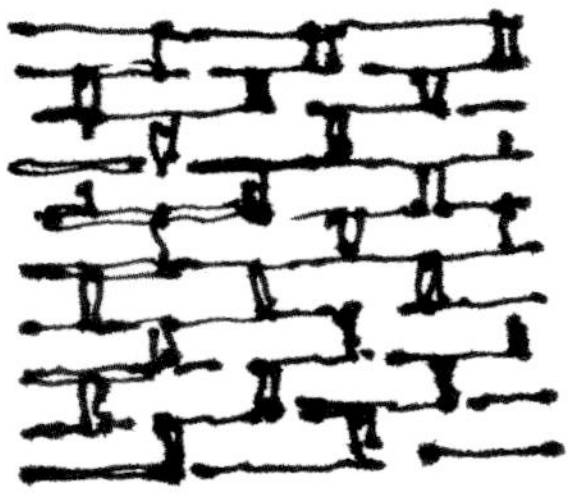
砖纹

石纹

编织纹

簇纹

波纹

点画法

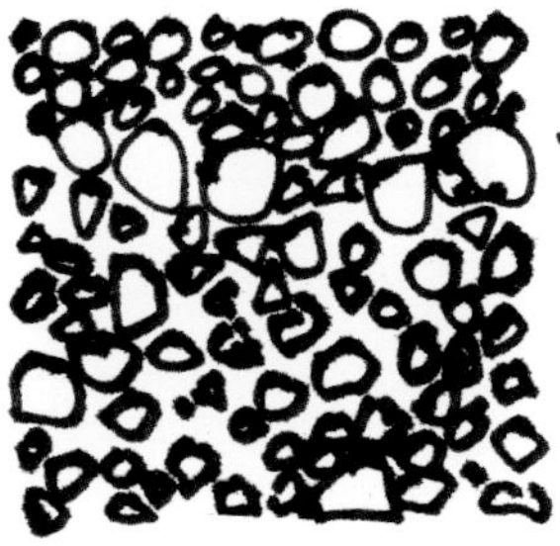
圈画法

石纹（片状）

乱线（圈状）

波纹“之”形线

圈画法（三角形）

石纹（大理石）

斜编织纹

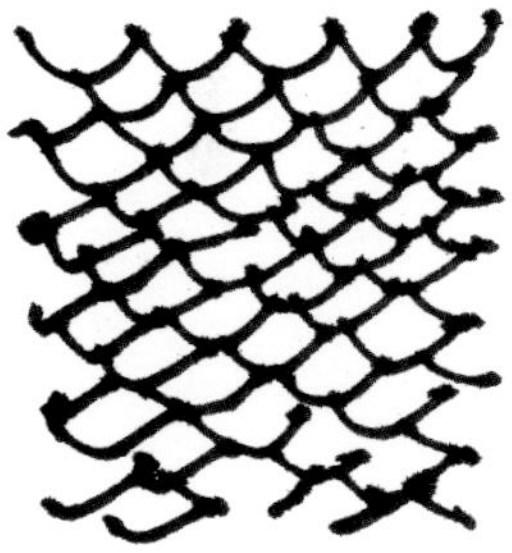
鱼鳞纹

◆ 图例2

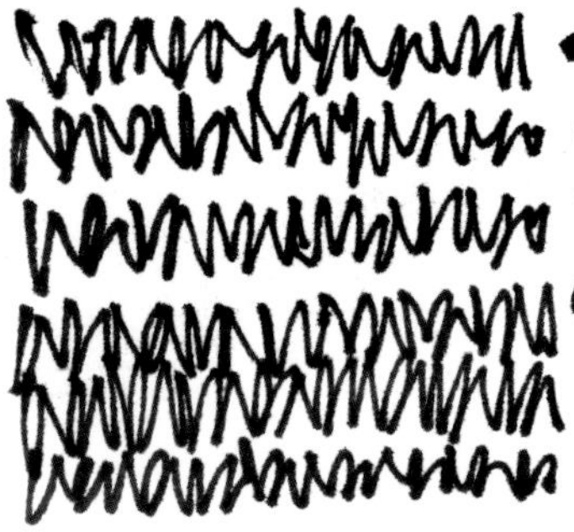

折线一

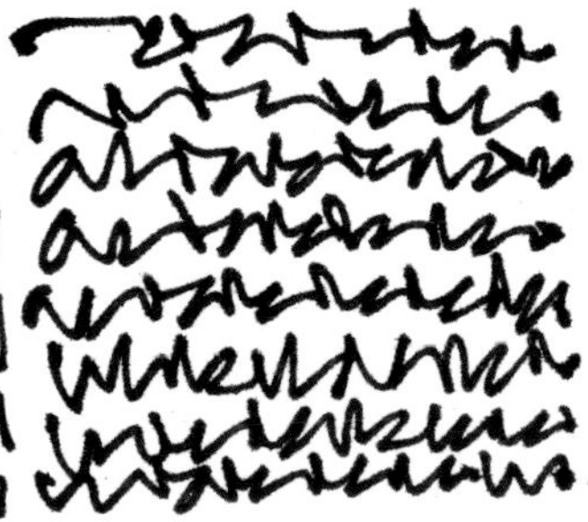

折线二

折线三

网络状乱线

成簇阴影排线

斧剁纹

乱线

交叉阴影排线

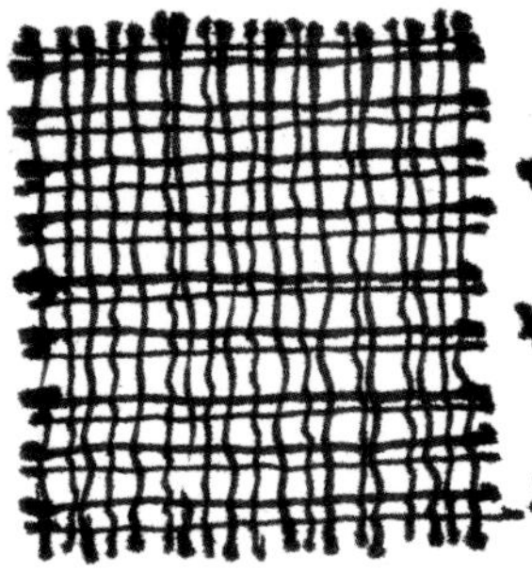

格纹一

格纹二

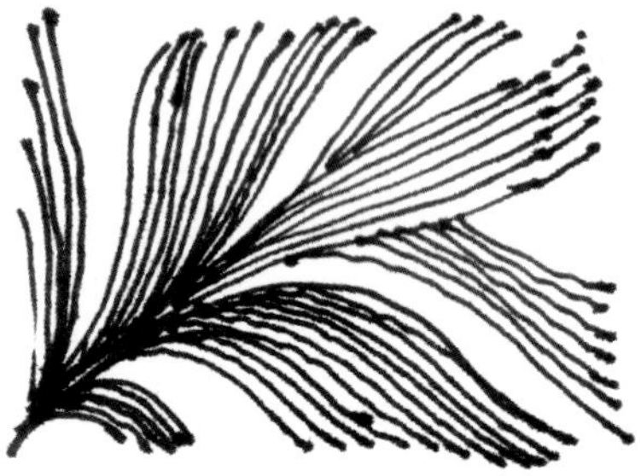

辐射线一

辐射线二

不规则织纹

豹纹

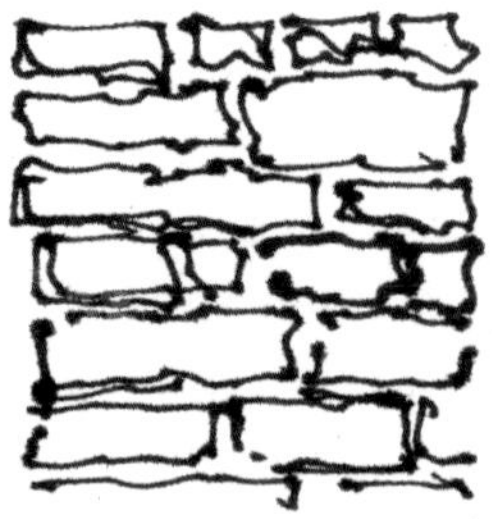

石纹

3. 简易人物绘制。

（1）绘制方法。

步骤一

步骤二

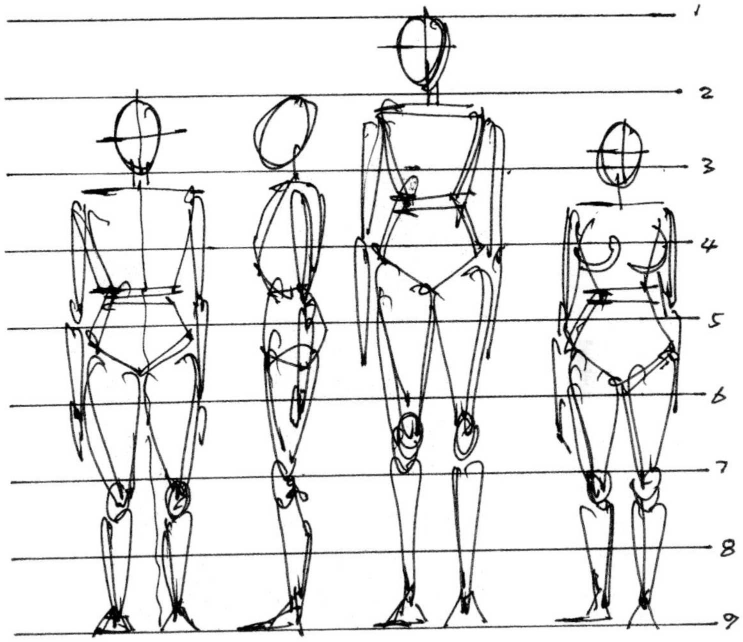

（2）简易人物素材。

4. 汽车绘制。

（1）绘制方法。

步骤一

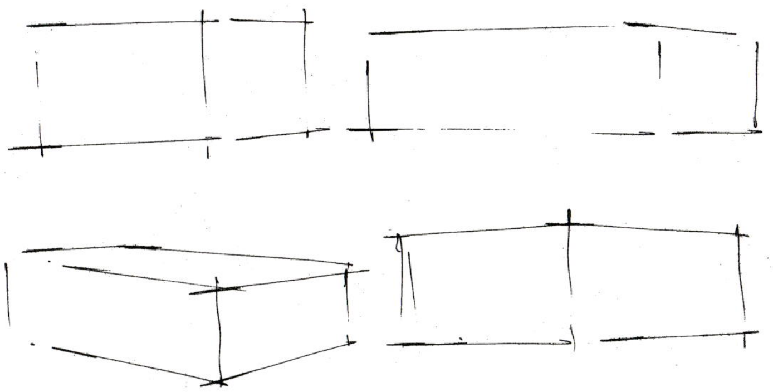

步骤二

步骤三

步骤四

（2）汽车绘制参考图例。

第二章　应用篇

一幅表现图中需要对构图、明暗关系、色彩、材质肌理及虚实变化等诸多元素进行平衡处理，作为初学者，不可能一下子就把所有问题都处理到位。因此，本章将上述专题做了图例的分类，意在化繁为简，一次解决一个问题。

2.1 形态肌理

首先，针对景观设计平、立面图及效果表现图中有关材质肌理和景物形态特性的表达，本节会给出大量的参考图例及分析讲解。其中，在材质肌理的表现上，笔法的变化和掌控，以及对线型组合方式的认识是两大要点。

◎ 范例一：同一景观平面图不同材质肌理的表达方法。

步骤一：勾勒相同平面布局。

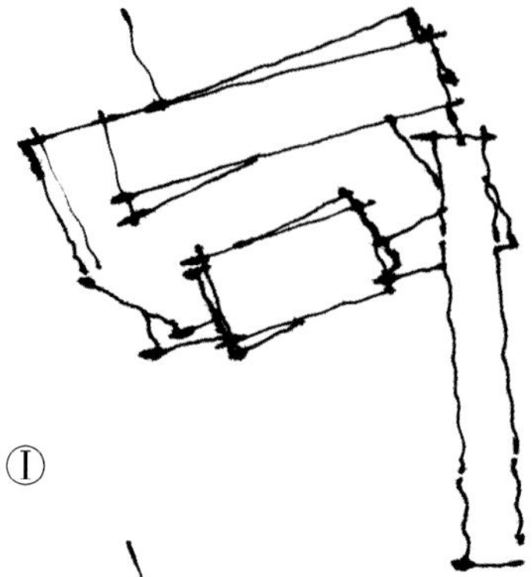

①

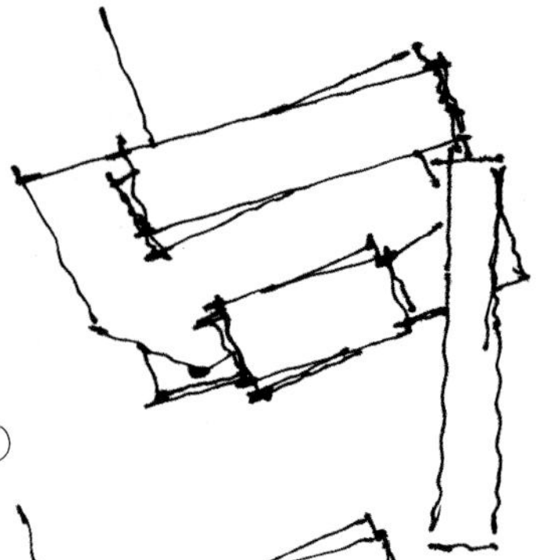

②

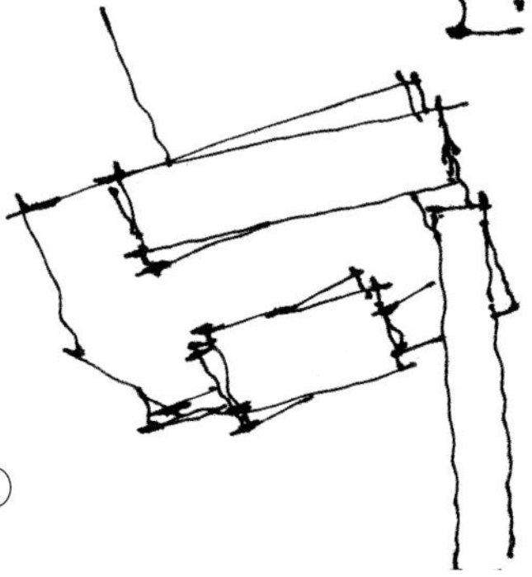

③

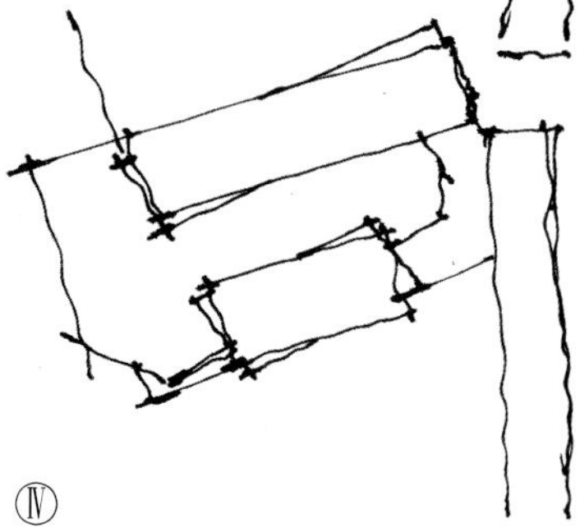

④

步骤二：肌理填充，重点关注线条的组织形式及其变化。

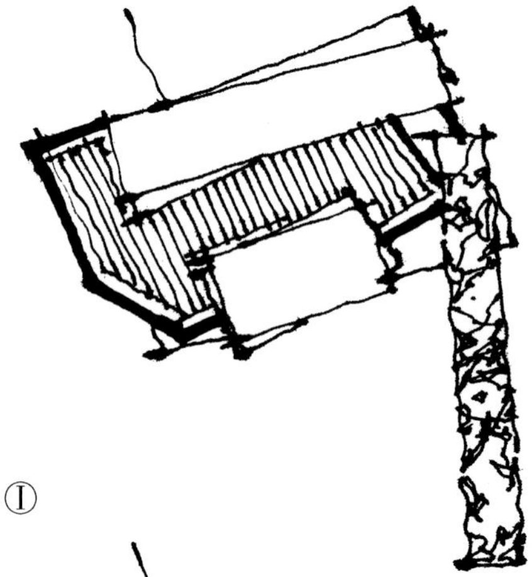

①

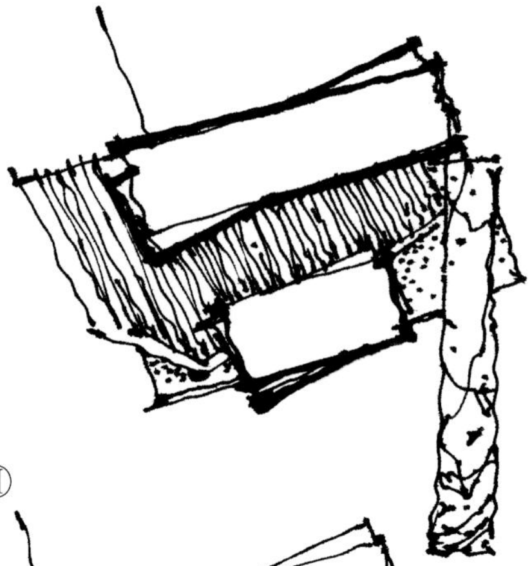

②

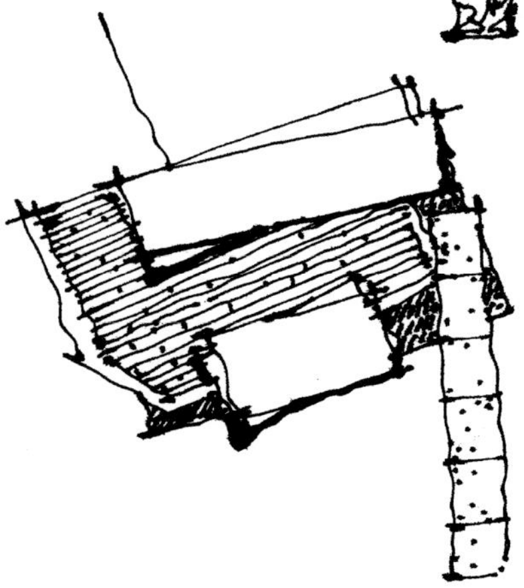

③

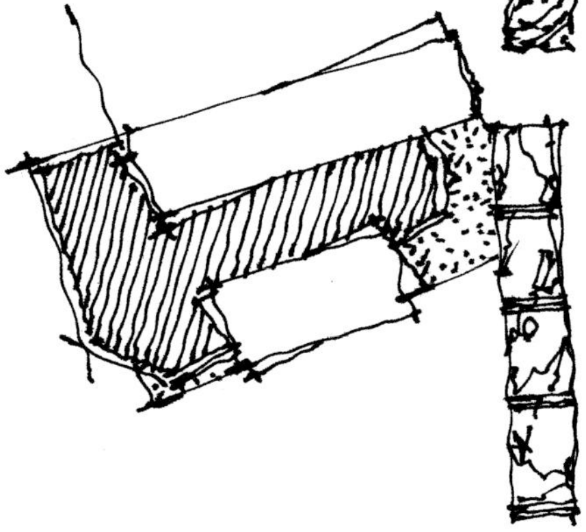

④

步骤三：针对图形的色彩填充。

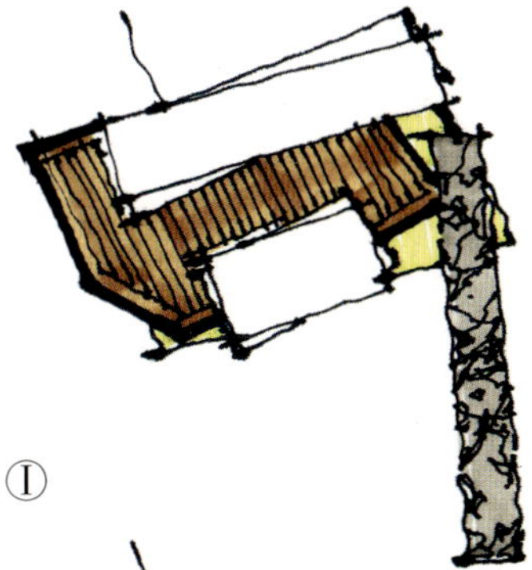

Ⅰ

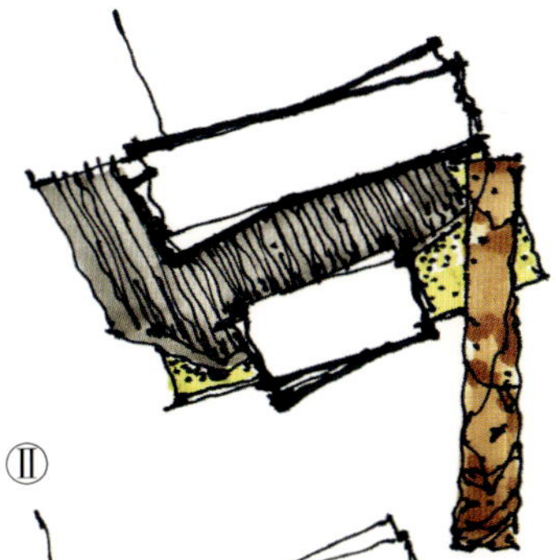

Ⅱ

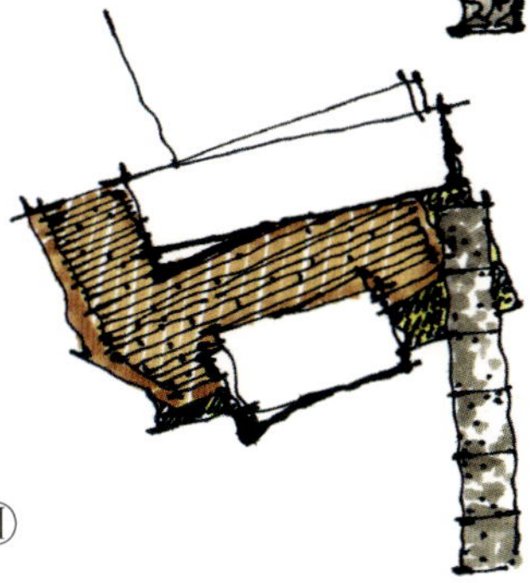

Ⅲ

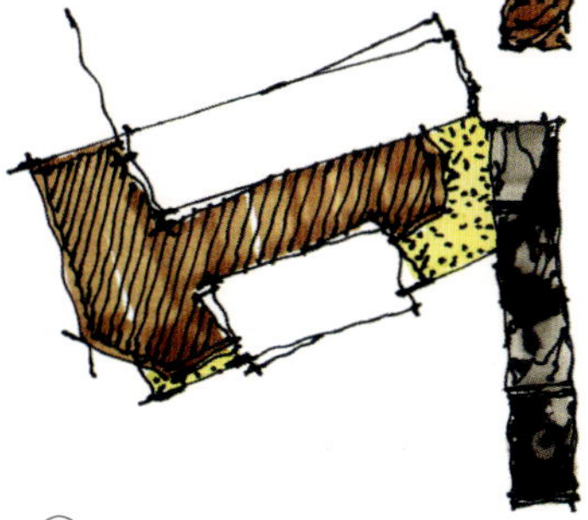

Ⅳ

步骤四：针对图底的色彩填充。

Ⅰ

Ⅱ

Ⅲ

Ⅳ

◎ 范例二：重点在于表现虚拟形态，重点关注光影、投影及水面倒影处理的笔法应用。

步骤一：线稿。

步骤二：色彩完成稿。快速表现中的色彩要着重于体现强烈的概念感、符号感及示意作用，“贵精不贵多”。

◎ 范例三：亲水平台景观表现示范。

步骤一：勾勒画面基本框架。

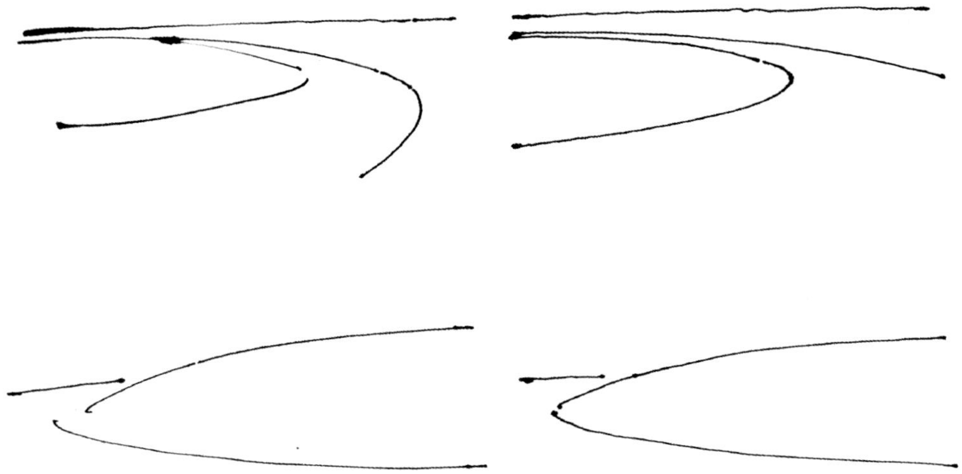

步骤二：细化结构，重点关注不同空间画面形态的边缘处理。

步骤三：完成稿。相同画面结构，也可作其他变化，例如色彩、光影的处理练习。

◎ 范例四：相同画面结构，不同明暗、肌理的对比。

步骤一：画面主体框架勾勒。

步骤二：最终完成效果图的对比。

2.2 画面分解

对于初学者而言，画面分解是个很好的学习方法。正如字面所言，在碰到较为复杂的空间场景时不妨采用这种方法作为正式作图前的热身，同时也可以借此对画面安排做进一步的推敲。

◎ 范例一：完整画面与植物线形处理详解图。

◆ 练习1

◆ 练习2

◆ 练习3：植物马克笔处理详解图。

◎ 范例二：完整画面与空间结构形体分析图。

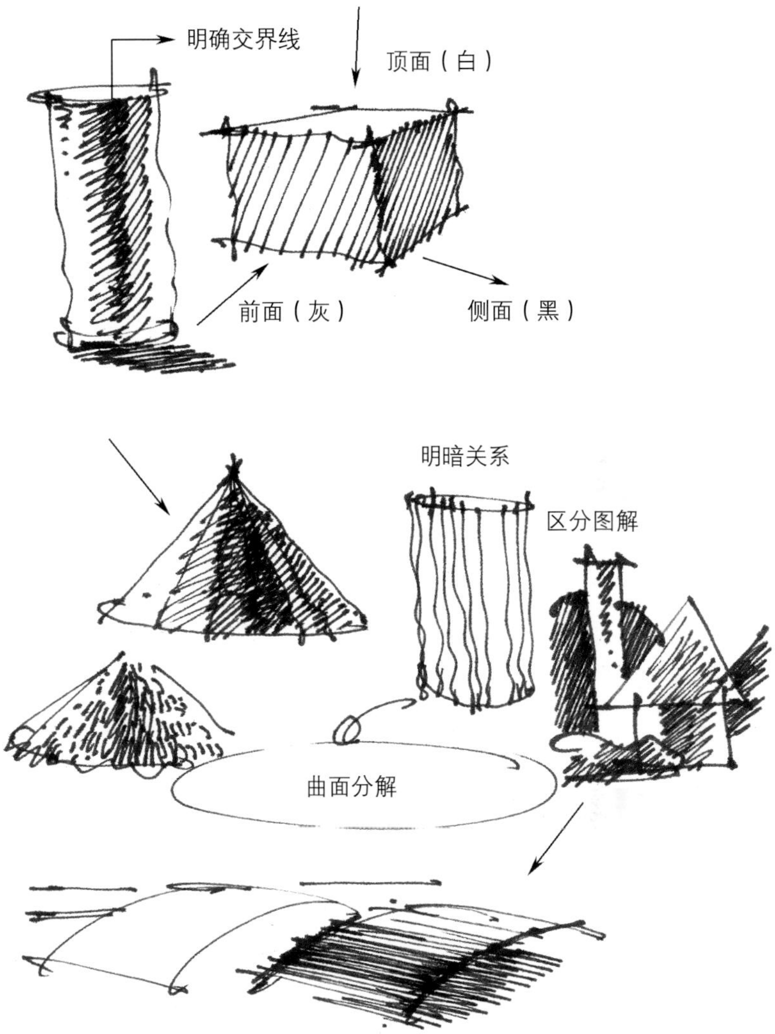

◎ 范例三：小尺度景观表现完整画面与局部细节分析。

◆ 练习1

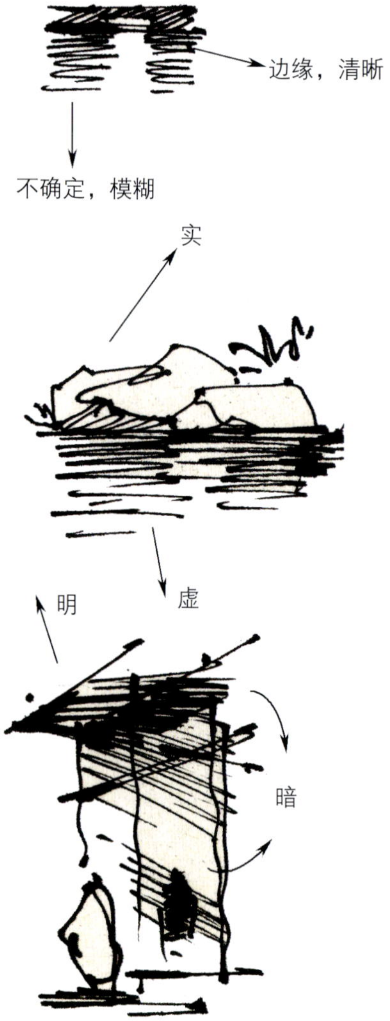

◆ 练习2

◆ 练习3

◆ 练习4

步骤一：线稿。

画面分解

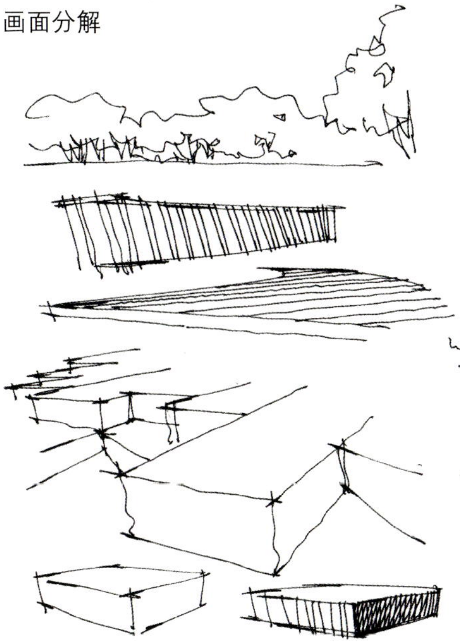

完整画面

步骤二：色彩完成稿。

画面分解

完整画面

◎ 范例四：建筑与植物组合的完整画面与细节分析图。

◆ 练习1

步骤一：线稿。

步骤二：色彩完成稿。

◆ 练习2

步骤一：空间整体框架和植物线形示范。

步骤二：细节深入，完成线稿。

步骤三：色彩完成稿。

◆ 练习3

步骤一：线稿

步骤二：色彩完成稿。

2.3　虚实繁简

由于景物的纷繁多样，景观设计表现经常令初学者无从下手，要做出快速有效的表现，必须对画面处理有自己的认识，结合形态肌理再进一步针对画面各部位作繁简对比处理，可以在沟通、展现时起到抓人眼球的效果。

◎ 范例一

步骤一：勾勒画面初始框架。

注意：1. 前后景的关系处理和繁简对比。

2. 对弧线节奏的把握。

步骤二：完成稿。深入刻画细节，重点作前后景明暗对比处理。

◎ 范例二：上图为景深偏前景的画面处理方式；下图为景深偏后景的画面处理方式。

◎ 范例三：全景构图，重点在整体表现建筑与街景关系；局部构图，重点表现街景及车流。

◎ 范例四

◆ 练习1：景深在后方的建筑与滨水的画面处理。

步骤一

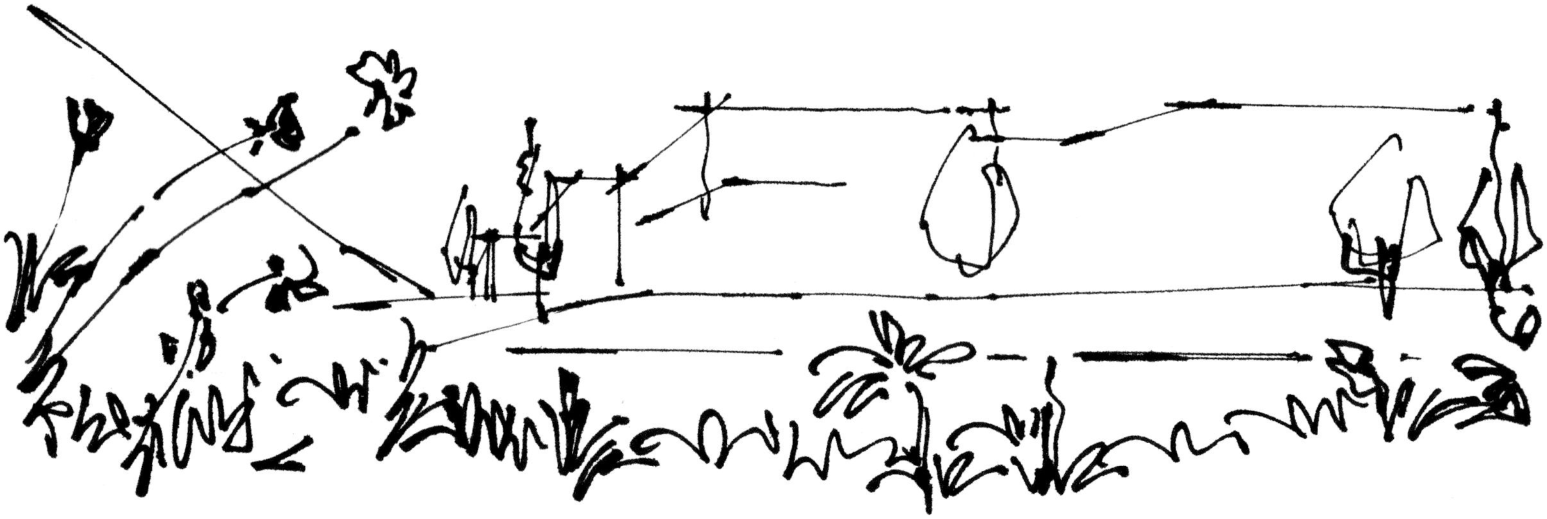

步骤二

◆ 练习2：景深在前面的水生植物，后景作虚化处理。

步骤一

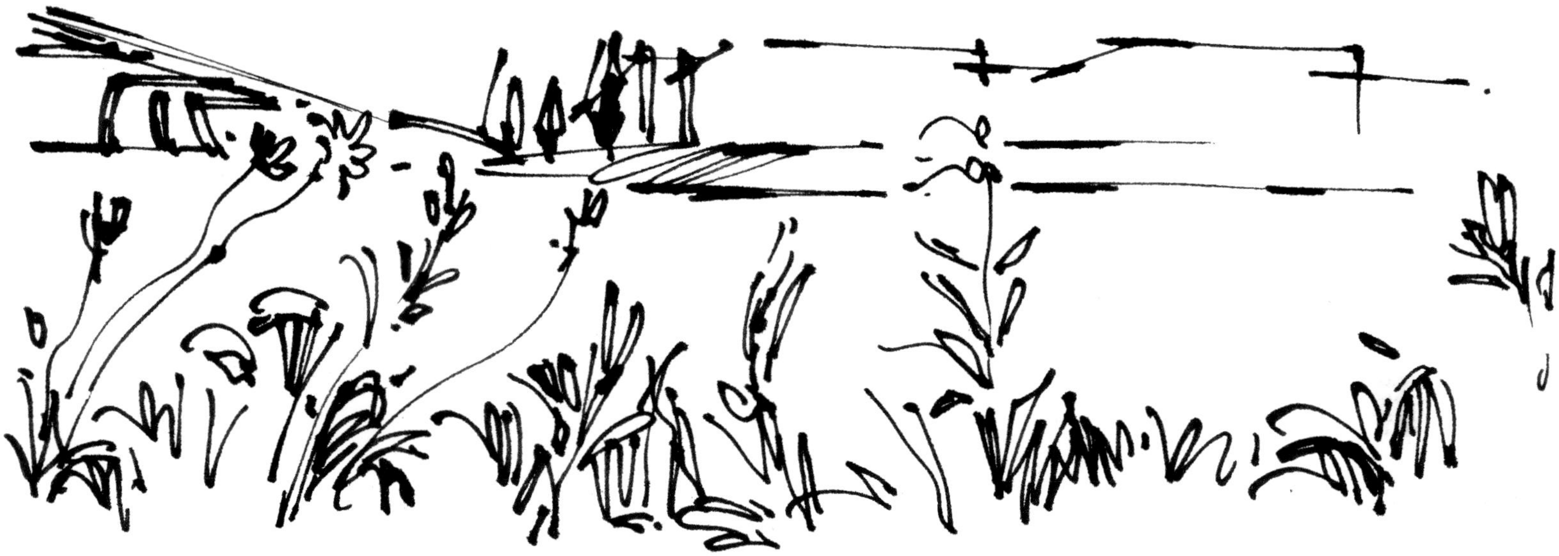

步骤二

◎ 范例五

◆ 练习1：相同画面，焦点偏室内空间。

◆ 练习2：相同画面。焦点在室外部分，室内空间仅作“画框”处理。

◎ 范例六：简约概括处理景观场景与深入细致刻画景观场景的对比。

◆ 练习1

◆ 练习2

◎ 范例七：相同画面、繁简不同的画面处理方法对比。

初始稿

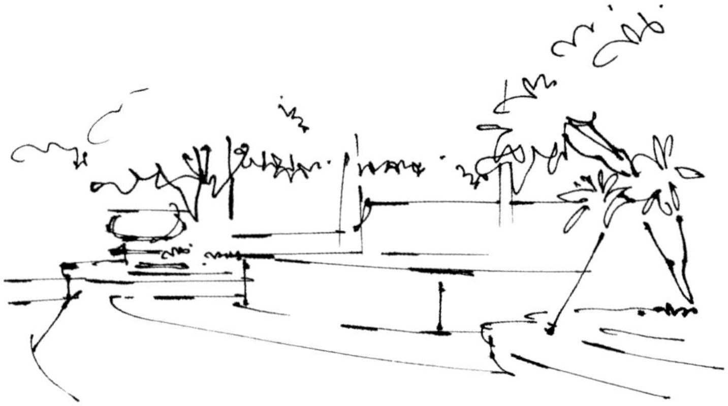

完成稿

◎ 范例八：对植物深入刻画与简约处理的对比。

◎ 范例九：对植物和铺装深入刻画与简约处理的对比。

◎ 范例十：对建筑与植物的关系简约和细致处理的对比。

处理相对简约的画面

处理相对深入的画面

◎ 范例十一

图a：焦点在后景建筑的画面处理方法。

图b：焦点在前景植物的画面处理方法。

图c：景物交接的画面处理方法。

图a

图b

图c

2.4　快速表现

快速表现的定义不仅仅是指画得速度快，更加强调的是对于设计（表现）要点的把握能力及对画面处理的概括能力，为了有效地做到这两点，笔者在平时教学实践中有意识地对学生做了限时、限色两方面的要求和训练，并身体力行地做了大量的示范，这一专题所展示的图例，均是基于上述要求（限时，限色）条件下完成的。

◎ 范例一：景观场景组图。

◆ 练习 1：适度的明暗对比以及留白处理是快速表现最常用的手法。

◆ 练习2：重点关注云的画法。通过应用快速、侧锋的运笔手法，凸显了云的虚拟形态。

◆ 练习3

步骤一：线稿。虽寥寥数笔，景物的结构轮廓却跃然纸上。

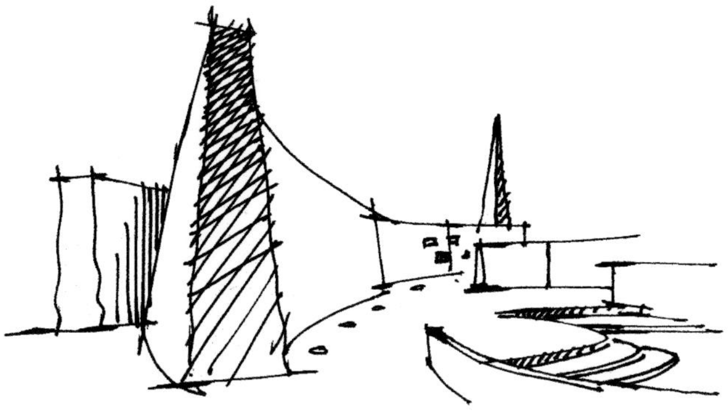

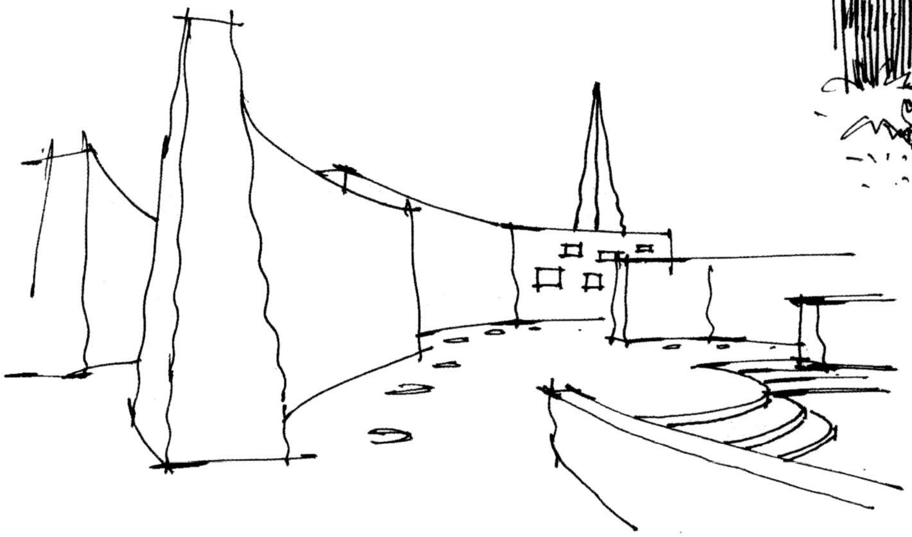

步骤二：色彩完成稿。结合景物特性用了极少的几个色彩，通过留白、点染及满涂的手法，在有限的时间里，应用画面的语言对景观空间结构作了清晰明确的阐述。

◆ 练习4：黑白图与彩色图快速表现手法的对比。

◎ 范例二：快速表现实例。

◆ 练习1：照片临绘5分钟的快速表现图及细节分析图。

◆ 练习2：照片临绘10分钟的快速表现图。

◆ 练习3

步骤一：线稿。

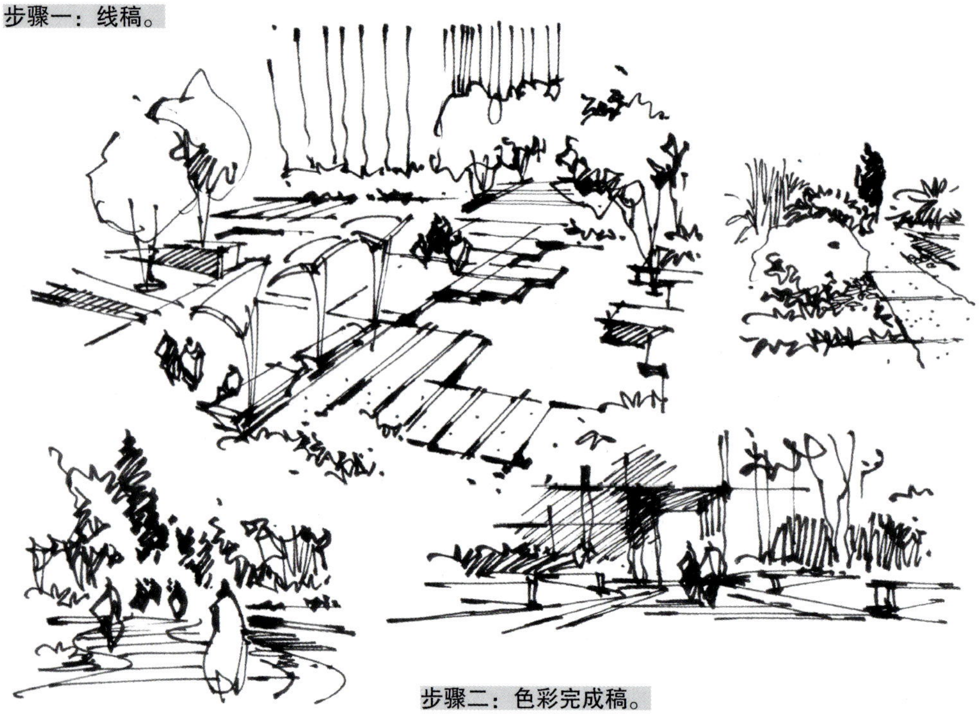

步骤二：色彩完成稿。

◆ 练习4

步骤一：线稿。

步骤二：色彩完成稿。

◆ 练习5

步骤一：初始框架。

步骤二：线稿完成。

步骤三：色彩完成稿。

◆ 练习6：照片临绘快速表现

★原图

★完成稿

◎ 范例三：彩铅快速表现的应用示范图例。

◆ 练习1：

步骤一：线稿。

步骤二：色彩完成稿。

◆ 练习2：

步骤一：线稿。

步骤二：色彩完成稿。

◆ 练习3：平面着色示意，注意笔触的组合方式，以及线条的排列方向。

◆ 练习4

步骤一：线稿。

步骤二：色彩完成稿。

◎ 范例四：马克笔快速表现的应用示范图例。

◆ 练习1：景观组图。

◆ 练习2：照片临绘。

★原图

★完成稿

◆ 练习3：牛皮薄纸上的马克笔快速表现。

◆ 练习4：景观立面图的马克笔着色示范，注意单一色系如何通过不同笔触的组织形式（点、线、面）来营造画面变化；注意天空背景云的画法。

第三章　图例篇

3.1 广场景观

◎ 范例一

步骤一：线稿。

步骤二：色彩完成稿。

◎ 范例二

步骤一：线稿。基本框架结构。

步骤二：色调铺陈。

步骤三：色彩完成稿。

◎ 范例三：针对同一画面，在不同时间段画得的两幅线稿，看看两者有哪些差别。

◆ 练习1

步骤一：线稿a。

线稿b。

步骤二：色彩完成稿。

◆ 练习2

步骤一：线稿a。

线稿b。

步骤二：色彩完成稿。

◆ 练习3：相比较于练习2，本练习的两幅线稿更加简约和概念化。

步骤一：线稿。在线稿阶段两种不同的明暗变化关系的处理方式。

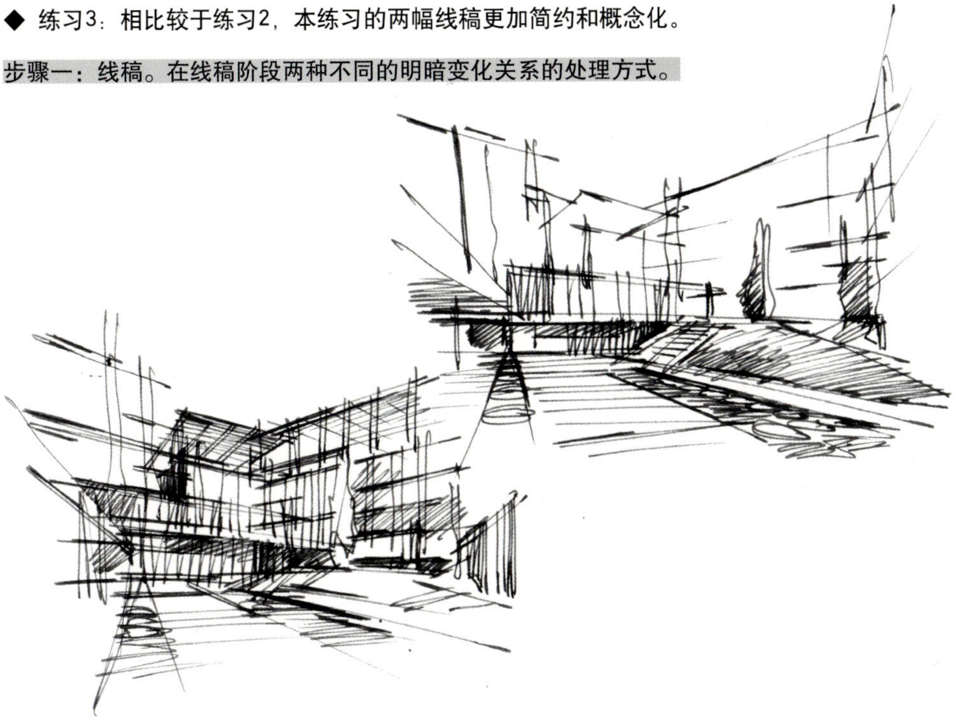

步骤二：色彩完成稿。用色彩更进一步强化了明暗关系。

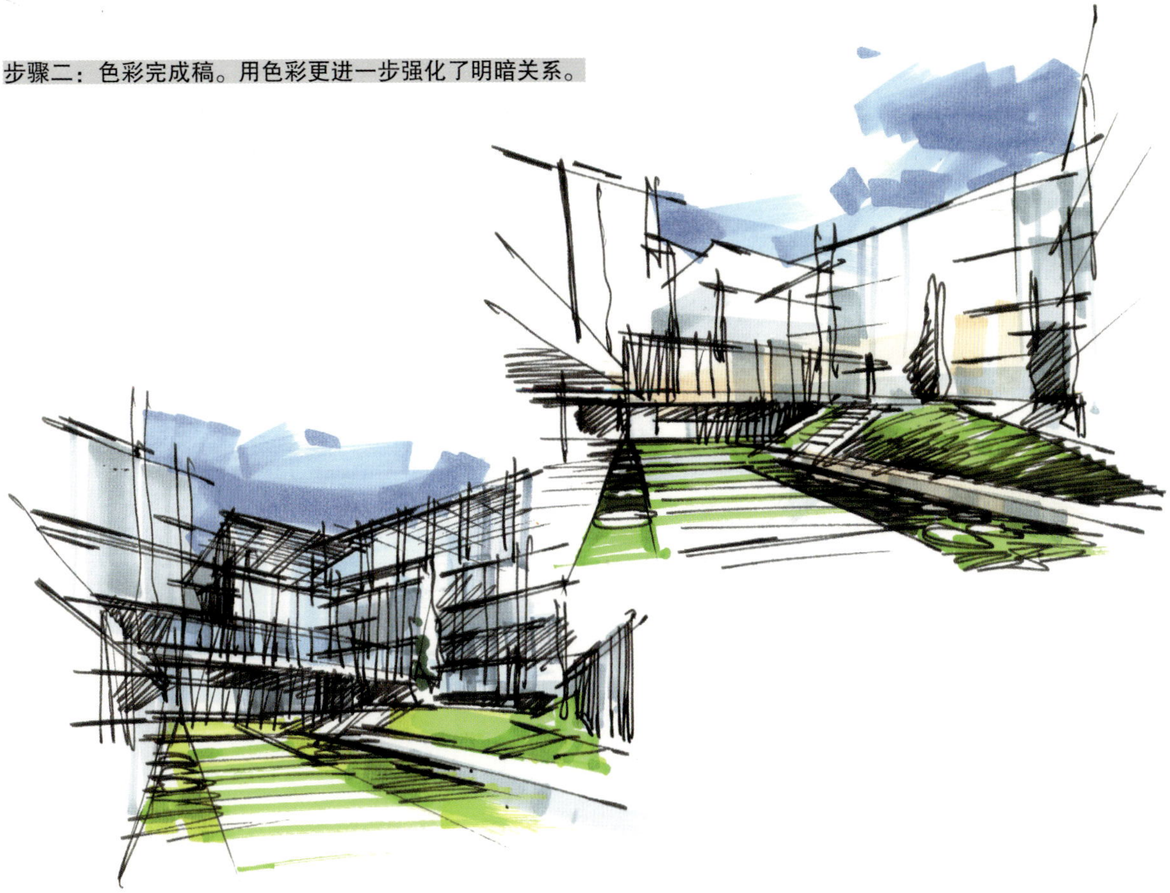

◎ 范例四

步骤一：初步空间结构勾勒。

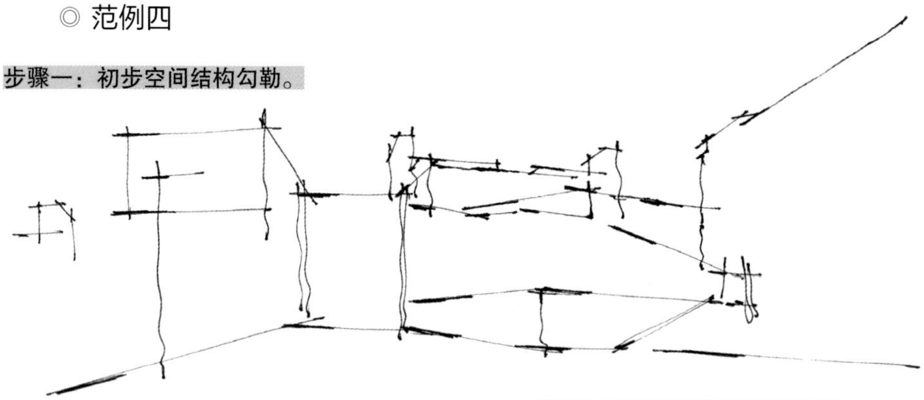

步骤二：细化空间结构表达。

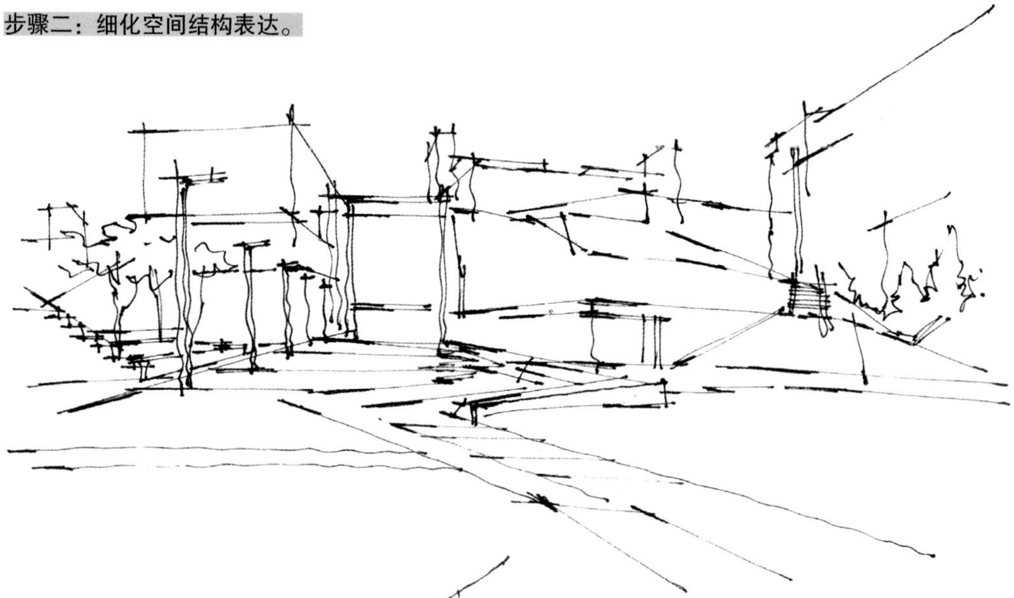

步骤三：明暗、质感、细节铺陈，线稿完成。

步骤四：色彩完成稿。

◎ 范例五：广场实景照片临绘。

★原图

步骤一：初始框架。

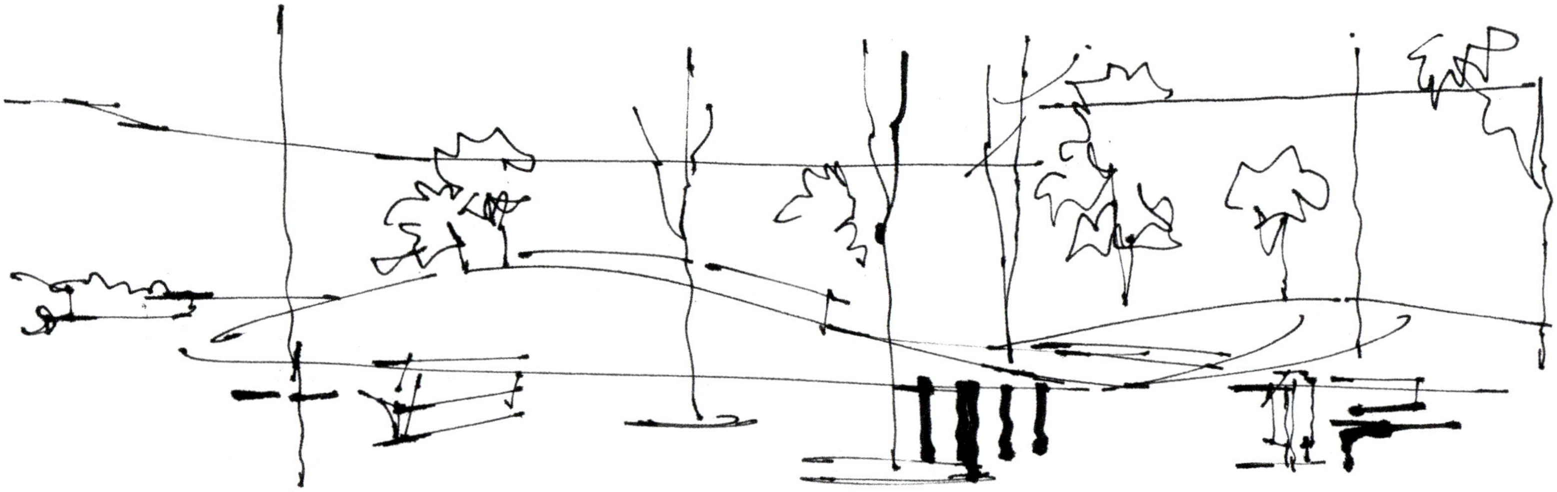

步骤二：细节深入，线稿完成。

步骤三：色彩完成稿。

◎ 范例六

步骤一：初始框架。

步骤二：完成线稿。

步骤三：色彩铺陈。

步骤四：色彩完成稿。

◎ 范例七：广场小鸟瞰

步骤一：线稿。空间初始框架。

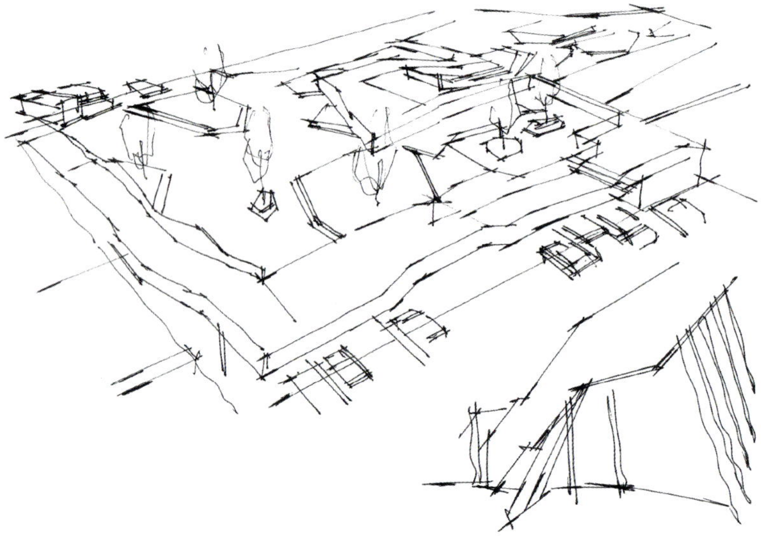

步骤二：细节深化完成线稿。

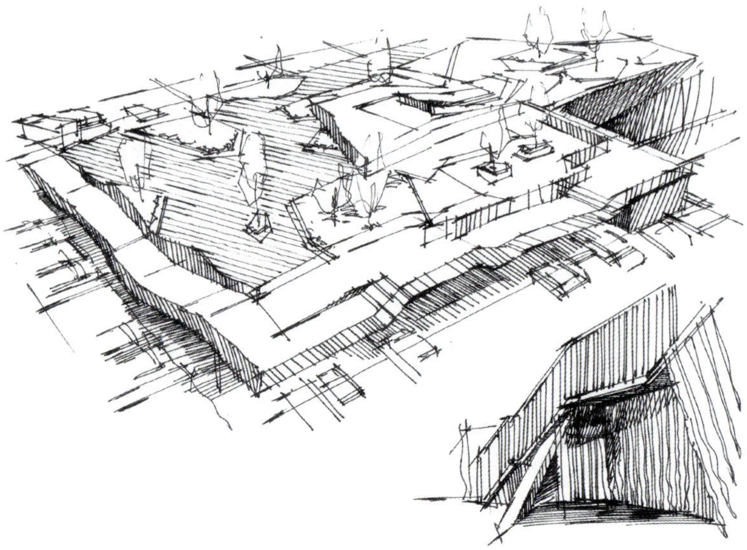

步骤三：色调铺陈。

步骤四：色彩完成稿。

◎ 范例八：针对圆弧造型的训练。

步骤一：空间初始框架。

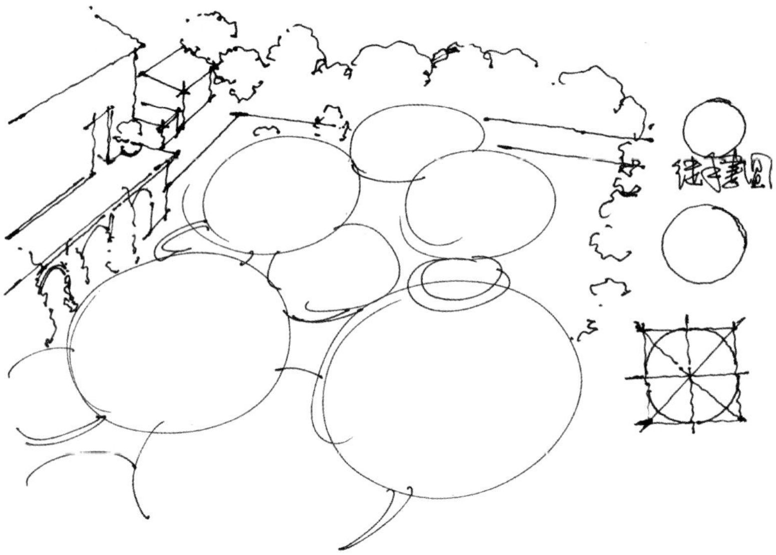

步骤二：细节深入。

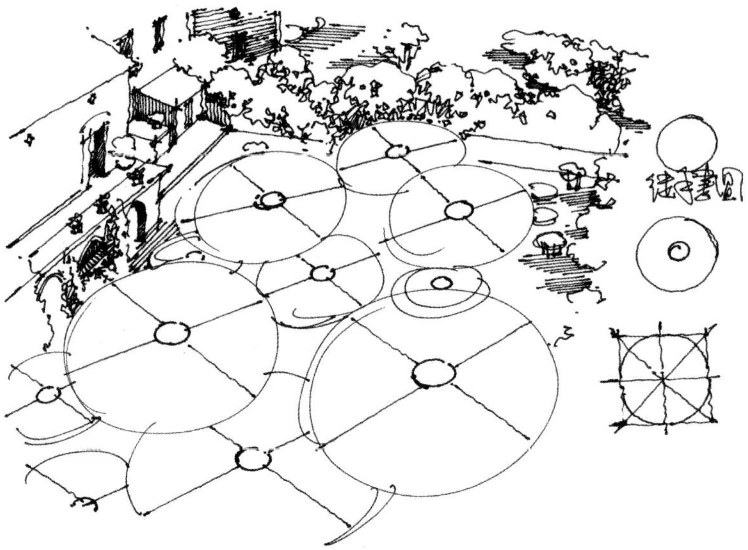

步骤三：最终完成稿。

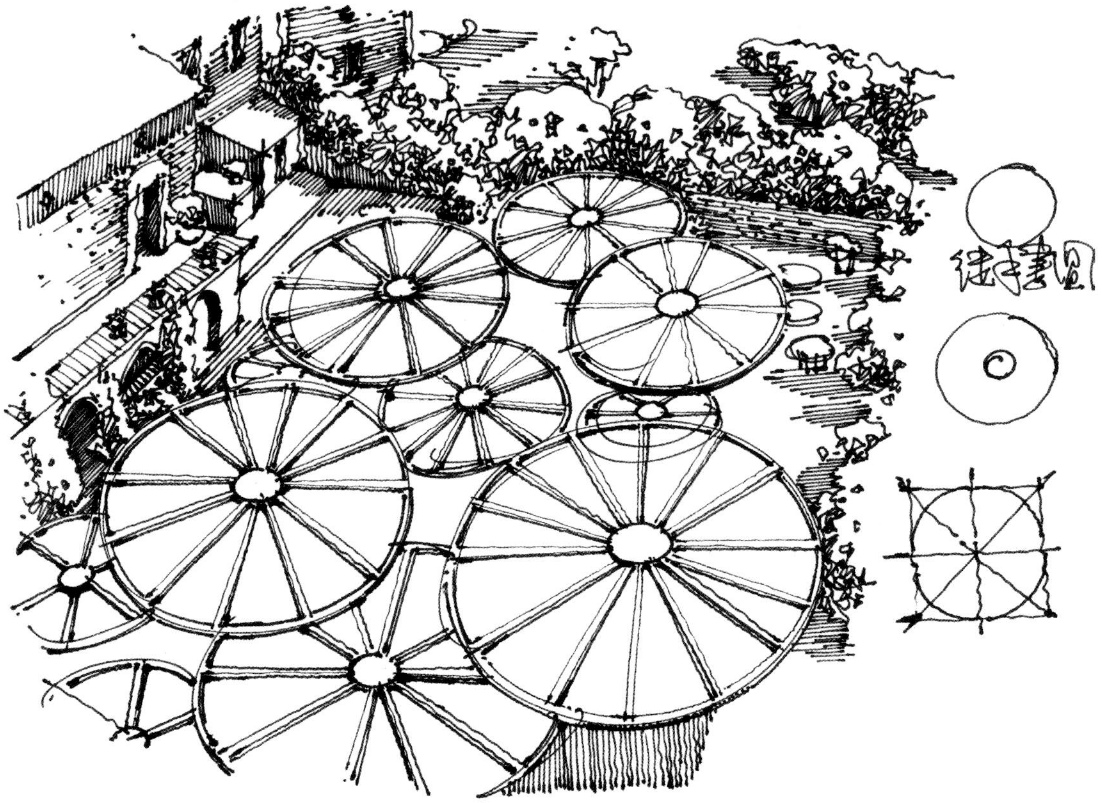

◎ 范例九：内庭小广场。

步骤一：基本框架线稿。

步骤二：细节深入，最终完成稿。

◎ 范例十：入口小广场。

步骤一：基本框架线稿。

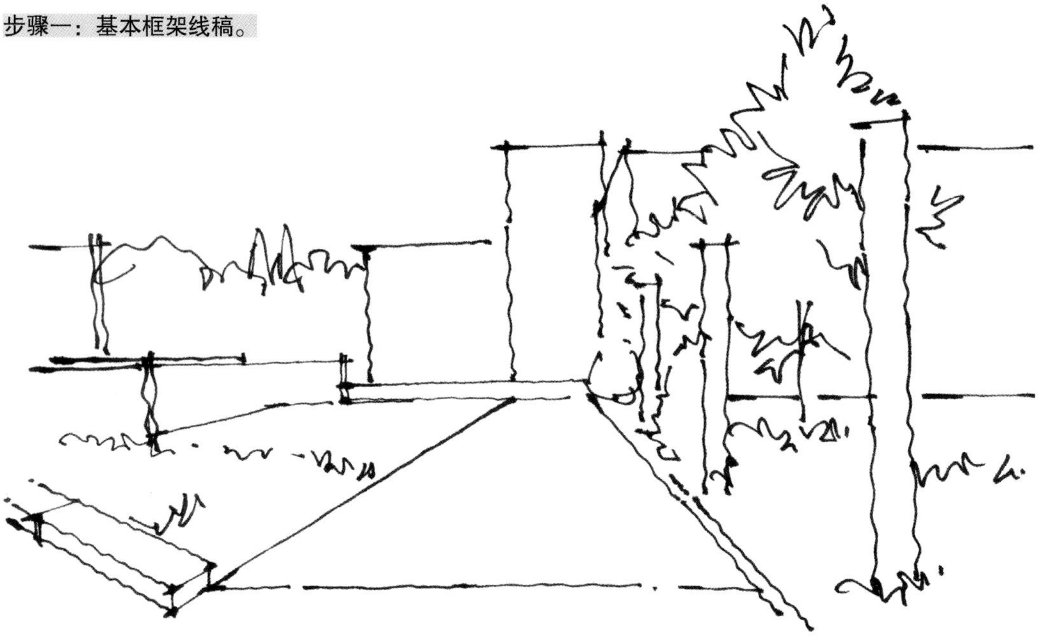

步骤二：细节深入，最终完成稿。

3.2　水景专题

画好水景的前提，首先在于对水的特性要有基本的了解。常言道：兵无常形，水无常势。景观中的水景可分为动态水景如：瀑布、喷泉、叠水等，静态水景如：水洼、湖泊、水池等两大类。在表现前者时常用的手法是先快速运笔勾勒基本框架，然后通过大面积留白辅以局部环境色点染来完成最终稿；而后者更多是通过快速连笔画法勾勒水面景物倒影来表现水景的映像特质。

◎ 范例一：广场喷泉。

◆ 练习1

步骤一：线稿。勾勒出基本结构及前后景的明暗及虚实对比关系。

步骤二：色彩完成稿。除了基本的明暗虚实变化之外，还强化了前后景的色彩冷暖变化关系。

◆ 练习2

步骤一：初始线稿。

步骤二：色调铺陈。

步骤三：最终完成稿。注意观察喷泉的留白处理及整体色彩的数量。

◎ 范例二：景观水景。

◆ 练习1：特意截取了水景局部的图例以供参考，重点是学习连笔画法。

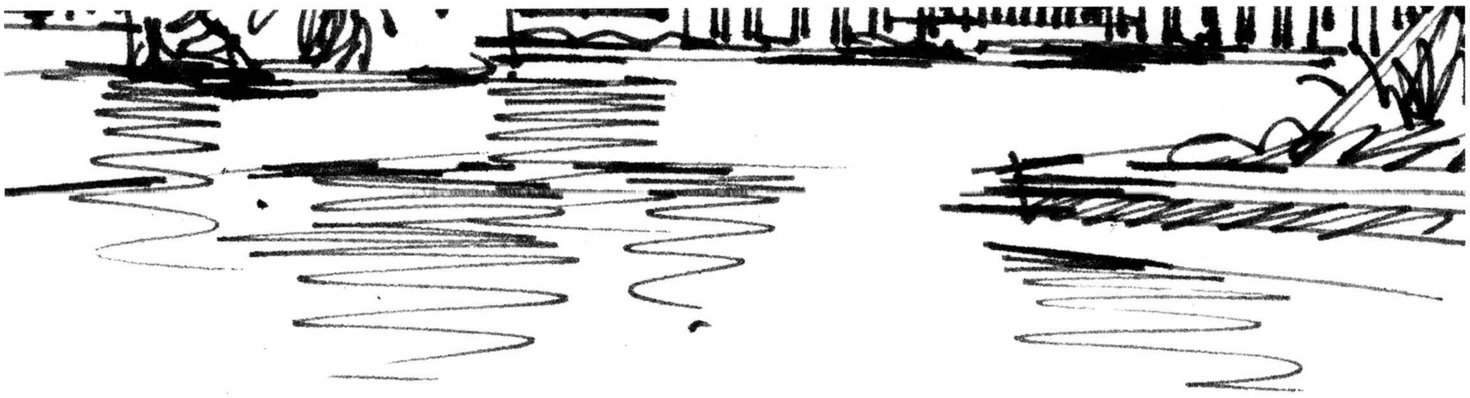

◆ 练习2：注意学习如何用线条处理水中倒影与岸边实景的关系。

◎ 范例三：景观喷泉。

步骤一：线稿。注意观察喷泉的水势及其周边的环境处理。

步骤二：色彩完成稿。

◎ 范例四：自然式水景。

◆ 练习1

步骤一：初始线稿，空间基本框架勾勒。

步骤二：明确各部分的结构空间关系。

步骤三：最终完成稿。注意学习处理水面倒影与周边实景关系的方法。

◆ 练习2

步骤一：初始线稿，空间基本框架勾勒。

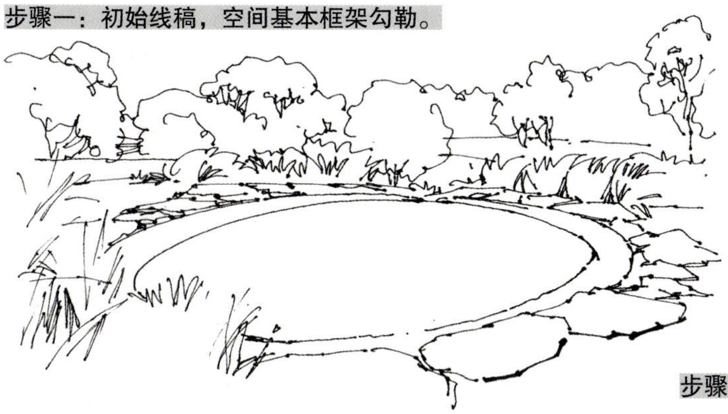

步骤二：深入细节，完成线稿。

步骤三：色彩完成稿。注意观察天空背景与水面的笔触处理。

◆ 练习3

步骤一：初始线稿，空间基本框架勾勒。

步骤二：细节深入，强化明暗效果。

步骤三：背景天空晕染，用浅色调基本铺陈。

步骤四：色彩强化。

步骤五：润色调整，最终完成。

◆ 练习4

步骤一：初始线稿，空间基本框架勾勒。

步骤二：细节深入，完成线稿。

步骤三：色调基本铺陈。

步骤四：色彩强化，细节调整，完成画面。

◆ 练习5

步骤一：初始线稿，空间基本框架勾勒。

步骤二：细节深入，完成线稿。

步骤三：色调基本铺陈。

步骤四：色彩强化，细节调整，完成画面。

◎ 范例五：照片临绘。

◆ 练习1

★原图

步骤一：初始线稿，空间基本框架勾勒。

步骤二：细节深入，完成线稿。

◆ 练习2：根据练习1照片的改绘。

步骤一：初始线稿，空间基本框架勾勒。

步骤二：细节深入，完成线稿。

步骤三：色调基本铺陈。

步骤四：色彩强化，细节调整，完成画面。

3.3 景观小品

◎ 范例一：景观雕塑兼坐椅组图。

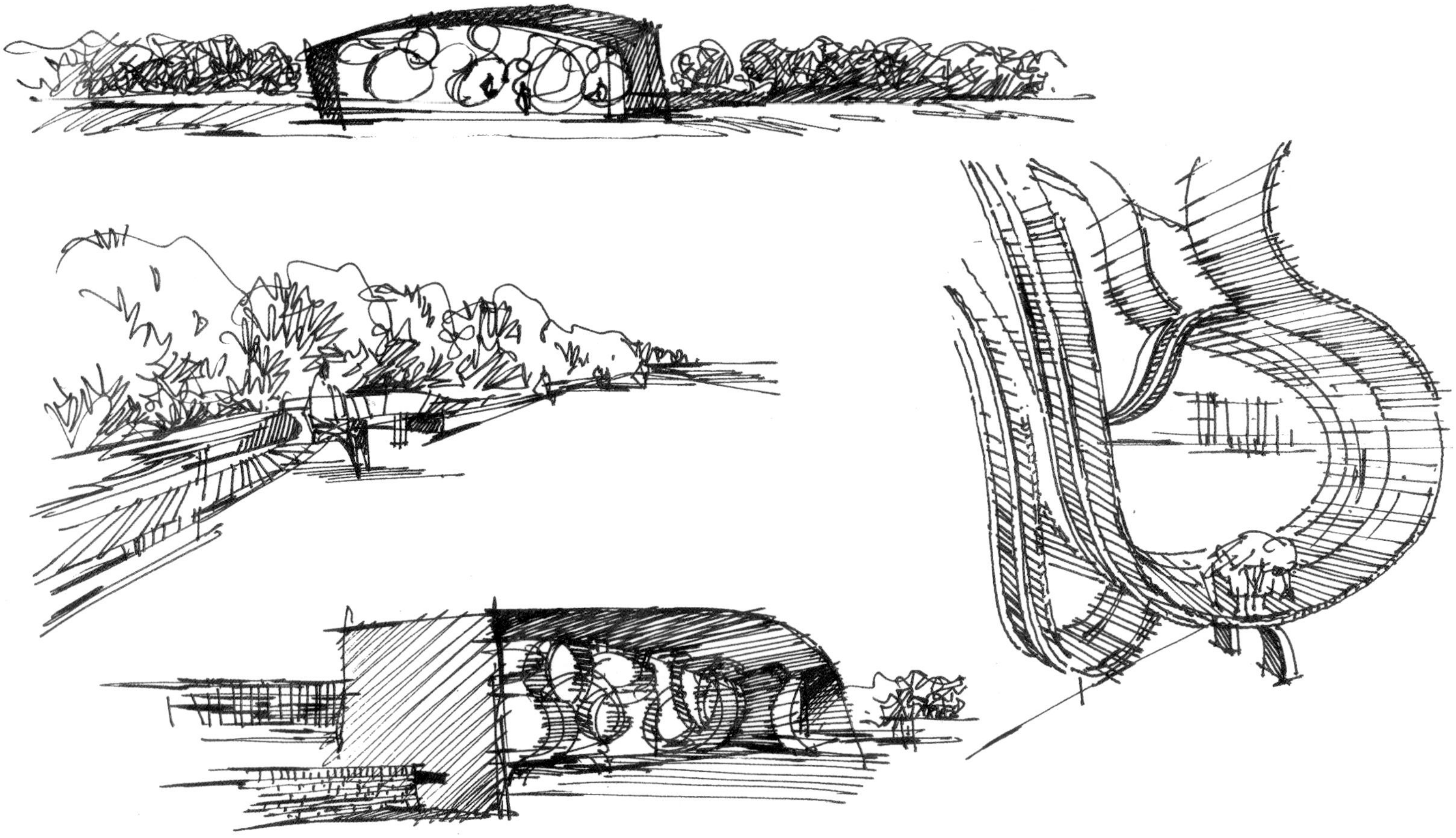

◎ 范例二：树屋组图。

◎ 范例三：置石画法与细节分析图。

◆ 练习1

组合方式

大小、
高低、
疏密、
间距

◆ 练习2

◆ 练习3

◎ 范例四：景观雕塑小品。

◆ 练习1

◆ 练习2

◆ 练习3

步骤一：线稿。

步骤二：色彩完成稿。

3.4 庭院景观

◎ 范例一

步骤一：线稿。

步骤二：色彩完成稿。

◎ 范例二

步骤一：线稿。

步骤二：色彩完成稿。富有构成感的一个场景，注意聚向线稿焦点的线的组织方式。

◎ 范例三：庭院小景及植物线型分析组图。

步骤一：初始线稿。

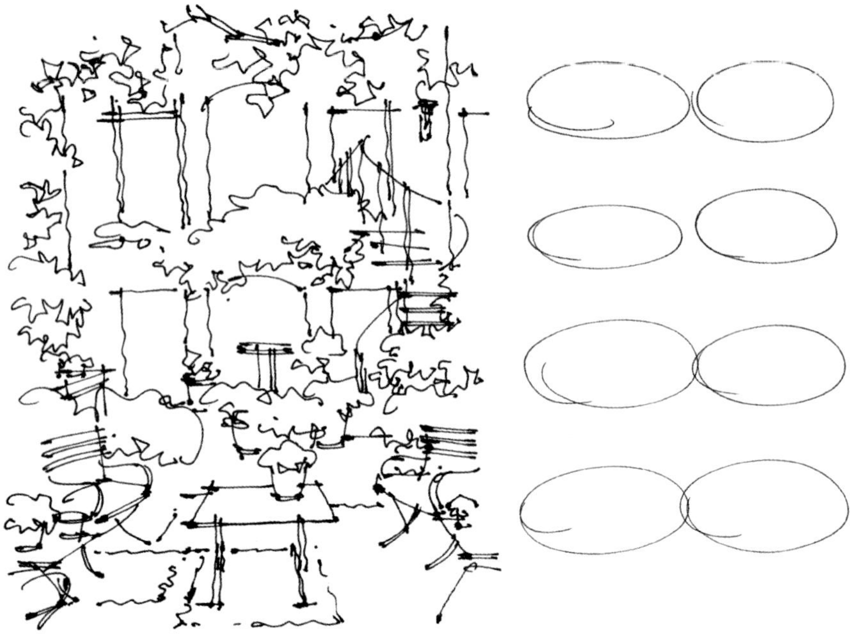

步骤二：细节深入，完成线稿。

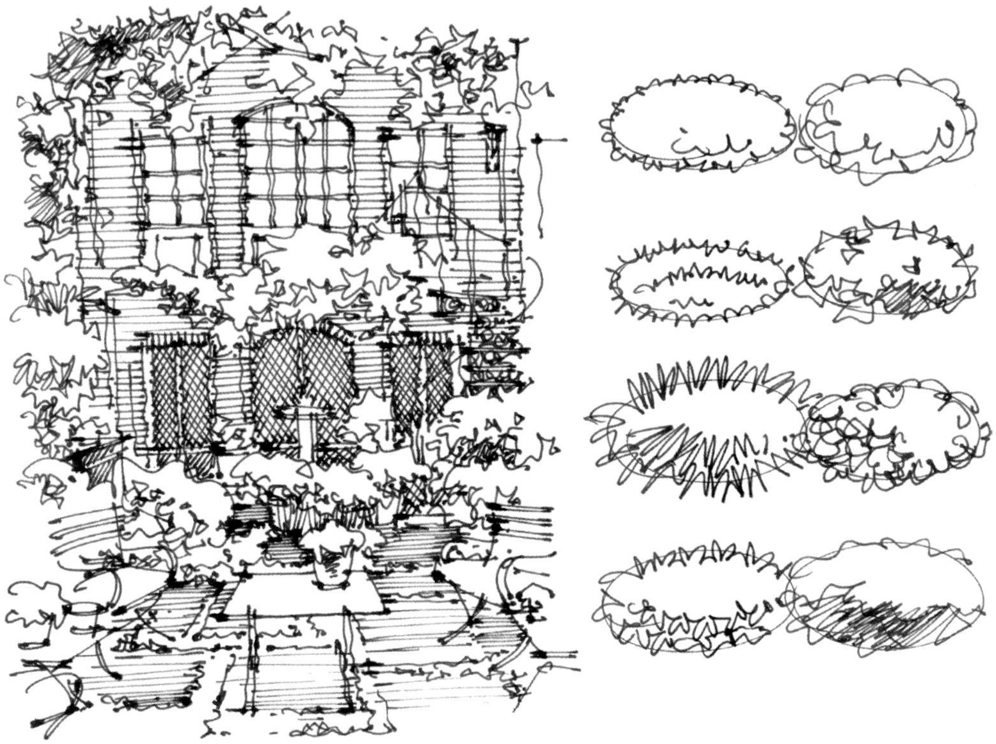

步骤三：色彩铺陈。

步骤四：深入调整，最终完成稿。

◎ 范例四：庭院小景平面图。

步骤一：初始线稿。

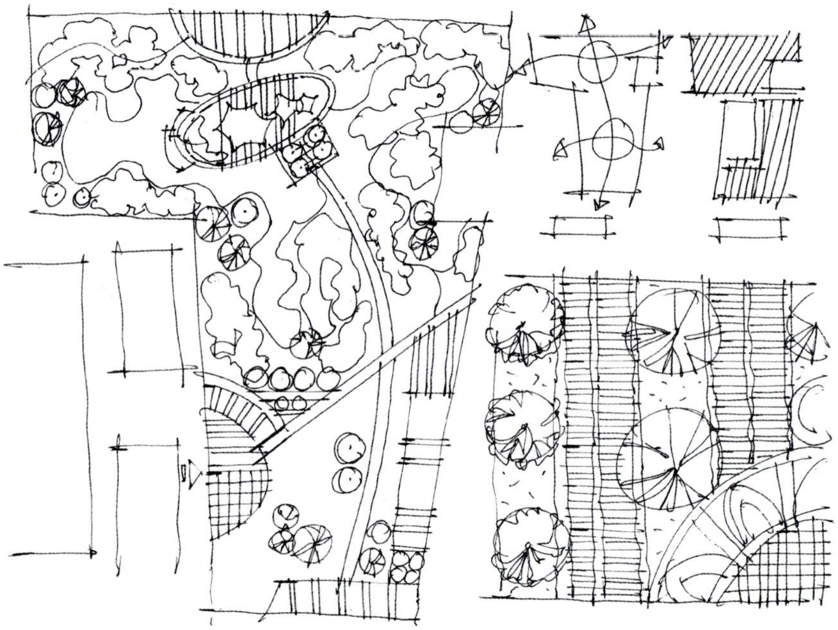

步骤二：色调铺陈。

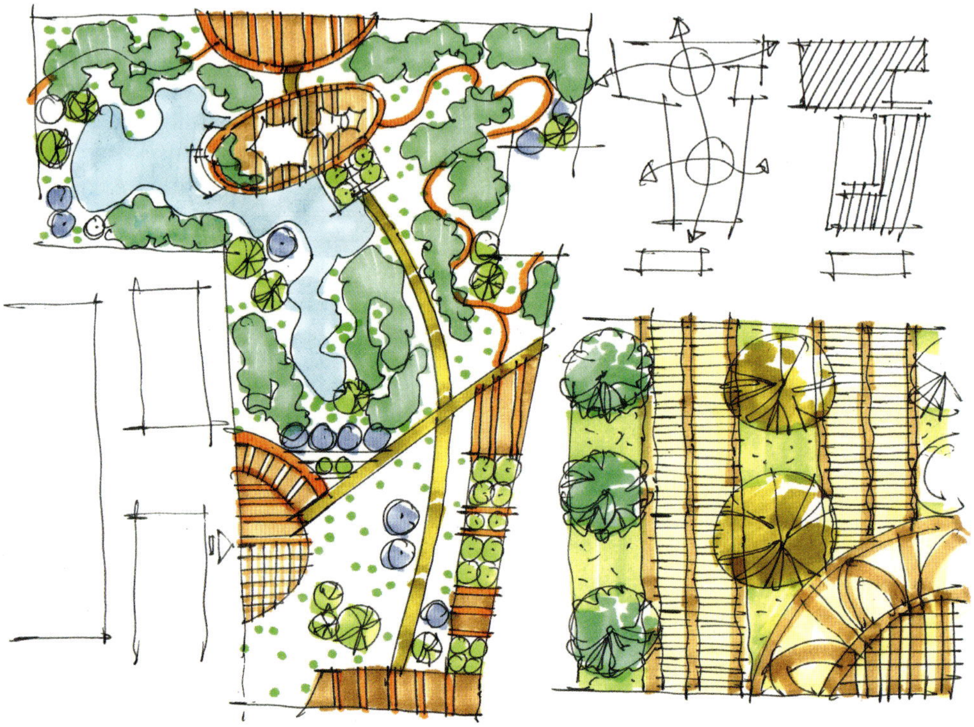

步骤三：最终完成稿。

3.5 公园景观

◎ 范例一

步骤一：初始线稿，空间基本框架勾勒。

步骤二：细节深入，完成线稿。

步骤三：色调基本铺陈。

步骤四：色彩强化，细节调整，完成画面。

◎ 范例二

步骤一：初始线稿，空间基本框架勾勒。

步骤二：细节深入，完成线稿。

步骤三：色彩完成稿

◎ 范例三

步骤一：空间初始框架。

步骤二：细节深入。

步骤三：色调基本铺陈。

步骤四：色彩强化，细节调整，完成画面。